很東方的管理哲學

領導力的修練，中庸之道×無爲而治×佛系應對，溫和敦厚的東方版《君王論》

「個體自我每一次偉大的成長，都源於與古典世界的重新接觸。」
——雅斯佩斯

作者——岳陽

中華文化的深厚底蘊×流傳數千年的三教哲學
一書盡解儒釋道，搭配簡單明瞭又新穎的實例
精選最實用的精華，打造史上最完美的管理者！

目錄

自序

第一章　儒家的領導智慧

第二章　道家的管理智慧

第三章　禪與現代管理

目錄

自序

國學經典燦若群星，中華文化源遠流長。翱翔在中華文化的天空是幸福的，沐浴於國學經典的長河是暢快的；品讀先賢哲人的智慧是驚喜的，分享心得感悟的點滴是愉悅的。

國學經典光輝燦爛，璀璨奪目。先祖踏歌而來，擕詩而至，無論是春秋金戈、戰國鐵馬，還是秦漢曉月、唐宋風雨，均韻味無窮、華章紛呈。

如何成為領導者，孔子如此勸告：「其身正，不令而行；其身不正，雖令不從。」、「修己以敬，修己以安人，修己以安百姓。」老子如此教導：「江海之所以能為百谷王者，以其善下之，故能為百谷王。」、「是以聖人後其身而身先，外其身而身存。非以其無私邪？故能成其私。」更有禪家的點化：「行到水窮處，坐看雲起時。」、「風來疏竹，風過而竹不留聲；雁渡寒潭，雁去而潭不留影。故君子事來而心始現，事去而心隨空。」

先哲是智慧又和藹可親的老人，借由解讀經典以使現代人能與偉大先哲靈犀相通，相晤暢談，古今對接。「善言天者，必有驗於人；善言古者，必有合於今；善言人者，必有厭於己。」（《素問 · 舉痛論》）大意為：「善於談論天道的，必能應驗於人事；善於談論歷史的，必能應合於今事；善於談論人事的，必能結合自己的情況。」

自序

古今事理相通，借古可以鑑今，先哲有云：「以史為鏡，可以知興替」，言古人的經歷得失，可以作為今人的鏡鑑。

德國哲學家雅斯佩斯（Karl Theodor Jaspers）說：「個體自我每一次偉大的成長，都源於同古典世界的重新接觸。」

本書是我從小到大熱愛國學的紀錄，準確地說，是這二十多年我不斷學習國學，經年累月、手不釋卷、口不絕吟的明證。國學是引我成長、領我前行、教我處世、導我做人的一位無時不在、誨人不倦的導師。

本書透過對國學經典的解讀與詮釋，讓讀者能在輕鬆閱讀中感悟國學智慧，以此提升領導者的品格修養，塑造領導者的個人魅力，增加領導者的領導智慧。

我一直認為東西方領導智慧相互補充、融會貫通，是當代世界領導理論和實踐的發展趨勢。人類偉大的智慧在最高處總是相通的，老子與蘇格拉底可以成為朋友，子思與亞里斯多德可以暢談中庸之道，陶淵明與有官不做、隱居鄉下的古希臘先哲米松（Myson）可以一起採菊。

上溯國學經典，下承現實社會，解讀中華儒、道、禪經典智慧，探尋全球領導力前瞻理論。作者努力嘗試為當代領導力發展提供新角度和新思維，也許會有拋磚引玉之用。本書以古今交會、中外互映的方法，從思想與方法兩個角度，運用眾多案例詮釋中國傳統領導智慧與世界領導力前瞻觀念。讀者透過對本書的閱讀、思考，可以了解博大精深的傳統領導智慧，並接引現代西方領導理論。書畢之際，回首不覺已歷春夏數載，窗外幾度花開花落。其中苦辛，人事多舛，世事紛亂，多次擱筆。每每有盤桓不去的糾纏和困惑，閃過半途而廢的心念，也是先哲智慧教導我「行百里者半於九十」、「靡不有初，鮮克有終」、「慎終如始，則無敗事」。激勵我穿越黑夜抵達黎明，迎來朝陽。

從這一點上來看，閱讀經典智慧獲益的首先是自己。可謂「舉燭的總在燭光中，祝福的總在福蔭裡」。

修改完全書最後一個字，已經是五月下旬。今夜正月朗星稀，明月照著荷塘，我在荷塘月色裡散步，蓮花正開著，恍然想：「當你認識了那朵蓮花的時候，你也就變成了那朵蓮。」

自序

第一章　儒家的領導智慧

儒家的「格物、致知、誠意、正心、修身、齊家、治國、平天下」一直以來對華人的思想、靈魂產生重要影響。

領導力的修練就是人生的修練。成為領導者就是造就一個個性鮮明、人格健全、才智清明、情性通達的人。

你真的了解孔子嗎？

孔子（西元前五五一至前四七九年）名丘，字仲尼，春秋後期魯國人，儒家學派的創始人，是中國歷史上著名的思想家、教育家。

儒家代表人物除孔子外還有孟子（穩坐儒家第二把交椅）、荀子、董仲舒、程頤、朱熹（繼孔子後最博學的大儒）、陸守仁、王陽明等。

儒家是戰國時期重要的學派之一，它以春秋時的孔子為師，以六藝為法，崇尚「禮樂」和「仁義」，提倡「忠恕」和不偏不倚的「中庸」之道，主張「德治」和「仁政」，是重視道德倫理教育和自身修養的學術派別。

儒家強調教育的功能，認為重教化、輕刑罰是國家安定、人民富裕幸福的必由之路；主張「有教無類」，統治者和被統治者都應該受教育，使全國都成為道德高尚的人。

在政治上，儒家主張以禮治國，以德服人，呼籲恢復「周禮」，並認為「周禮」是實現理想政治的理想大道。至戰國時，儒家分有八派，重要的有孟子和荀子兩派。

孟子的思想主要是「民貴君輕」，提倡統治者實行「仁政」，在對人性的論述上，他認為人性本善，提出「性善論」，與荀子的「性惡論」截然不同。荀子之所以提出人性本惡的觀點，也是戰國時期社會衝突更加激烈的表現。

孔子是一個家喻戶曉、婦孺皆知的偉大人物。其生平是否在本書介紹，我猶豫再三，幾次寫了又刪，刪了又寫，最後還是決定為其寫個「小傳」。我替自己定下兩條標準：一是所寫內容為絕大部分讀者不夠熟悉或者不熟悉的，二是所寫內容有助於增進對本書 —— 特別是本章儒家思想的理解。孔子的一生可以概括為「出於名門、生於亂時、長於單親、授徒三千、問禮老子、周遊列國、獲麟絕筆、萬世師表」。

出於名門

孔子六世祖孔父嘉身為宋國大司馬，當時的宋國窮兵黷武，民怨沸騰，孔父嘉在一次政變中被殺。隨後，孔父嘉之子木金父逃難至山東曲阜東昌平鄉，子孫襲姓孔姓，一直隱姓埋名隱居於魯國。孔子之父叔梁紇是魯國著名的武士，立過兩次戰功，被封為陬邑大夫，至此孔門開始復興。

生於亂世

孔子出生時，中國歷史正處於春秋後期的社會大變動時期。當時，中國社會正在從奴隸社會向封建社會轉型。舊的制度日益崩潰，而新的制度還沒有建立起來，整個社會處於動盪之中，戰爭不斷。

政治上，東周天子已經無力控制屬下的諸侯國，而各諸侯國中也出現了大權旁落、卿大夫專權的現象，由天子到諸侯到卿再到士大夫這種等級森嚴的宗法秩序被打亂了。

思想文化方面也發生了深刻變化。夏商周三代十分濃厚的天命鬼神觀念受到衝擊，貴族壟斷教育的傳統制度也維持不下去了，文化開始下移，出現了私人講學現象。

在孔子的出生地魯國，這種舊制度崩潰的跡象更為明顯。魯國曾是著名的「禮樂之邦」，而此時已處在「禮崩樂壞」的狀態中。

長於單親

孔子三歲時，叔梁紇病逝。施氏曜英便成了孔家的掌權者，她一直辱虐顏徵在母子。於是，孔母顏徵在攜孔子與伯尼（孔子的哥哥，又叫孟皮）移居山東曲阜闕里，艱難度日。出生於大戶望族的顏徵在生活勤勞儉樸，她嚴格教育孔子修習禮儀，建立志向，同時魯國根深蒂固的禮樂傳統對孔子也有深刻的影響。孔子十七歲時，孔母顏徵在去世。十九歲娶宋國亓官氏之女為妻，次年生一子，取名為孔鯉。

授徒三千

孔子勤而好學，力求使自己成為文武全才，並保持謙虛的學習態度，刻苦學習禮、樂、射、御、書、數等科目。二十多歲時他曾當過「委吏」，負責管理倉庫，還當過「乘田」，負責管理牛羊，官職患卑微，但盡職盡責。因未受到君王的重視，孔子三十歲時首創私學，開啟了其收徒授藝的人生歷程，至其七十三歲逝世時止，四十餘年共授徒三千人，不乏魯、齊、燕、宋、蔡、衛、鄭、卞、陳、秦、吳、楚等國人。其中有成就的賢明弟子共七十二人，例如顏淵、閔子騫、冉伯牛、仲弓、宰我、子貢、子路等都是孔子著名的弟子。

問禮老子

西元前五二三年的一天，孔子對其弟子南宮敬叔說：「周之守藏室史老聃，博古通今，知禮樂之源，明道德之要。今吾欲去周求教，汝願同去否？」南宮敬叔欣然同意，隨即報請魯君。魯君准行。遣一車二馬一童一御，由南宮敬叔陪孔子前往。老子見孔子千里迢迢而來，非常高興，教授之後，又引薦孔子拜訪大夫萇弘，向萇弘學習樂理。

回到魯國，眾弟子問道：「先生拜訪老子，可得見乎？」孔子道：「見之！」弟子問：「老子何樣？」孔子道：「鳥，吾知牠能飛；魚，吾知牠能游；獸，吾知牠能走。走者可用網縛之，游者可用鉤釣之，飛者可用箭取之，至於龍，吾不知其何以？龍乘風雲而上九天也！吾所見老子也，其猶龍乎？學識淵深而莫測，志趣高邈而難知；如蛇之隨時屈伸，如龍之應時變化。老聃，真吾師也！」

此外，孔子還拜師於七歲神童項橐，問官於郯子，學琴於師襄。

周遊列國

清朝蔡元放《東周列國志》第七十八回：「（孔子）有聖德，好學不倦。周遊列國，弟子滿天下，國君無不敬慕其名，而為權貴當事所忌，竟無能用之者。」

孔子自其五十五歲至六十八歲，十四年間帶領眾弟子遊歷列國，宣揚仁政，尋求施展治國理政的機會。隨其遊歷列國的弟子主要有顏回、子路、子貢、冉有等十多名，途經衛國、曹國、宋國、齊國、鄭國、晉國、陳國、蔡國、楚國等國。直至魯哀公十一年（西元前四八四年）孔子六十八歲時，在其弟子冉求的努力下，魯國君迎回孔子，尊孔子為「國老」，但並未重用。後來，孔子因獨子孔鯉早逝而悲痛萬分，並且見到了麒麟，憂鬱至極，於魯哀公十六年（西元前四七九年）與世長辭。

獲麟絕筆

「西狩獲麟」的故事發生在周敬王庚申三十九年（春秋魯哀公十四年），而孔子的《春秋》一書，也恰恰在這一年終止，當時孔子已經七十一歲了，從此不再著書。孔子獲麟絕筆，從客觀上講，是年紀大了體力不佳。但從主觀上講，感麟而憂也是個重要原因。傳說在西元前五五一年（魯哀襄公二十二年），孔子的母親顏徵在懷孕後祈禱於尼丘山，遇一麒麟而生孔子。因孔子降生時，頭頂長得有點像尼丘山，故取名孔丘，字仲尼。孔子遇麟而生，他認為見麟是個不祥之兆，據傳他當時揮筆為麒麟寫下：「唐虞世兮麟鳳遊，今非其時來何求？麟兮麟兮我心憂。」由於孔子感麟而憂，再加上他唯一的愛子孔鯉的早逝，使他心碎滿地，於魯哀公十六年（西元前四七九年）與世長辭。孔子死後，獲麟絕筆的故事廣為流傳。唐代大詩人李白的〈古風．大雅久不作〉中就有「希聖如有立，絕筆於獲麟」的詩句。

萬世師表

孔子去世之後，作為儒家思想的開創者，其提出的「仁」、「禮」等思想和編撰的著作，成了後世學習和發展儒家思想的基石。戰國時期，孟子承襲儒家思想，提出了「民貴君輕」的思想；西漢時期，董仲舒「罷黜百家，獨尊儒術」，穩固了儒家的思想主流地位；魏晉時期，開創了玄學一派；至宋代，朱熹繼承了「二程」的思想，吸收佛教道教的思想，形成了新儒學——理學；明朝中葉，王陽明在前人的基礎上進一步發展和創新了儒學，構建了心學的理論體系。

【原文】

子路問君子。子曰：「修己以敬。」曰：「如斯而已乎？」曰：「修己以安人。」曰：「如斯而已乎？」曰：「修己以安百姓。修己以安百姓，堯舜其猶病諸？」（《論語．憲問》）

【譯文】

子路問什麼叫君子。孔子說：「修養自己，保持嚴肅恭敬的態度。」子路說：「這樣就夠了嗎？」孔子說：「修養自己，使周圍的人們安樂。」子路說：「這樣就夠了嗎？」孔子說：「修養自己，使所有百姓都安樂。修養自己使所有百姓都安樂，堯舜還怕做不到呢？」

一、「以身作則」——儒家領導者的人格特質

領導力的修練首先是自我境界的提升和自我超越，而實踐中的以身作則和身先士卒便是修練領導力的不二法門。學會自我管理，然後才能真正地領導他人。美國領導力專家庫澤斯

（James Kouzes）與波斯納（Richard Allen Posner）總結，領導者的五大任務有：(1) 以身作則；(2) 共啟願景；(3) 挑戰現狀；(4) 使眾人行；(5) 激勵人心。並進一步確定「以身作則」的兩大任務：一是在發現自己的心聲和確認共同的理想之後，清晰地闡述價值觀；二是在以行動展現共同價值觀的過程中建立榜樣。

【原文】

康子問政於孔子。孔子對曰：「政者，正也。子帥以正，孰敢不正？」（《論語．顏淵》）

【譯文】

季康子向孔子請教治理國家之道。孔子這樣回答：「政就是正的意思。統治者帶頭走正確而正義的路，那麼還有誰敢不走正道呢？」

（一）「修己以敬」的自我管理

【案例】劉溫叟嚴己律人

北宋劉溫叟時任御史中丞，家境非常貧困。當朝皇帝的弟弟晉王趙光義當時是開封府尹，負責管理京城事務，深知劉溫叟的難處，派人送給劉溫叟五百萬銅錢。劉溫叟畢恭畢敬地將贈禮收下，然後將禮物封好放到了御史衙門的西廊。有人問劉溫叟這樣做的原因，他解釋說，晉王貴為王室，他送的禮物不能拒絕，這是對晉王的尊敬，但就自己的本職而言，不能接受饋贈或賄賂，否則無法要求其他官員清廉奉公。

【點評】

對上級尊重，這是禮節；對錢財拒絕，這是原則。嚴於律己才有資格要求他人。天下幾人不愛財？在誘惑面前能堅守原則，實不容易。

【案例】管好自己，才能攀越高峰

「有些人說創業偉大，因為他能領導別人。這其實又是一種想當然的錯誤理解，偉大不是展現在領導別人上，而是展現在管理自己上。」

王董事長從四十七歲開始爬山，花了近五年時間就完成了七大高峰和南極點、北極點的目標，這樣的成績並不是一個普通人可以達到的，而他的祕訣就在於自我管理。拿爬聖母峰來說，王董事長每次爬山都會非常認真地做好防曬措施，在爬山過程中嚴格規律作息時間，按時進帳篷休息以保證能有充足的睡眠；帶的食物再難吃也要吃下去以確保有充足能量保持體力。聖母峰爬到七千公尺的時候，同行的夥伴忍不住要出帳篷，體驗一下登極望遠的感覺，而王董事長則克服自己的好奇心不出帳篷以減少能量的消耗。直至八千公尺以後，他自我克制、自我管理的效果顯現出來了，最終成功登頂聖母峰。而同

行夥伴因在八千公尺以下一直興奮不已、太過放縱自己，結果到了八千公尺處便體力透支，開始有恐懼感，最終退縮了。

【點評】

一個人最大的挑戰不是高聳入雲的聖母峰，而是難以超越自我。人最難做到的是自律，而不是律他。善於管理自己是每一位成功人士必備的特質，這一點卻被很多人忽略。作為領導者，即使公司決策規劃非常科學、管理制度非常健全、下屬執行力非常強，但如果不能進行良好的自我管理，而是肆意放縱自己，被欲望沖昏了頭，那麼離失敗也就不遠了。

【知識連結】富蘭克林終身修練十三種美德

班傑明．富蘭克林（Benjamin Franklin）是十八世紀美國最偉大的科學家和發明家，著名的政治家、外交家、哲學家、文學家和航海家以及美國獨立戰爭的偉大領袖。1706 年 1 月 17 日出生於波士頓，其父是一名漆匠，以製造蠟燭和肥皂為業，生有 17 個孩子，他是最小的兒子。富蘭克林一生只在校讀了兩年書。十二歲開始當近十年的印刷工人。但他勤奮好學，經常通宵達旦讀書，廣泛涉獵自然、科學技術等各方面的知識。以下是他終身修練的十三種美德。

1. 節制。食不過飽，飲酒不醉。
2. 寡言。言必於人於己有益，避免無益的聊天。
3. 秩序。每一樣東西應該有一定的安放處，每件日常事務應有一定的時間去做。
4. 決心。當做必做，決心要做的事應堅持不懈。

5. 儉樸。用錢不要浪費。
6. 勤勉。不浪費時間，時時刻刻做些有用的事情。
7. 誠懇。不欺騙人，想法要正確、公正，說話也要如此。
8. 公正。不做損人利己之事。
9. 適度。避免極端，保持寬大為懷的胸襟。
10. 清潔。身體、衣服、住所力求整潔。
11. 鎮靜。不要因為小事或普通不可避免的事故而驚慌失措。
12. 貞潔。為了健康，切忌傷害身體或損害自己以及他人的安寧和名譽。
13. 謙虛。謙遜，不傲慢，仿效耶穌和蘇格拉底。

（二）「修己以敬」的自我修練

「三立」、「三戒」、「三畏」、「三愆」、「三變」、「三德」、「三樂」、「三患五恥」、「四不」、「四毋」、「五行」、「五美」、「九思」都是儒家自我修練的基本功。透過對《論語》的閱讀，我總結了以下十三條。

1. 君子有「三立」—人生成功的終極修練
2. 君子有「三戒」—人生成功的戒律修練
3. 君子有「三畏」—人生成功的敬畏修練
4. 君子有「三愆」—人生成功的溝通修練
5. 君子有「三變」—人生成功的態度修練
6. 君子有「三德」—人生成功的美德修練
7. 君子有「三樂」—人生成功的情操修練

8. 君子有「三患五恥」—人生成功的德行修練
9. 君子有「四不」—人生成功的情商修練
10. 君子有「四毋」—人生成功的處事修練
11. 君子有「五行」—人生成功的品格修練
12. 君子有「五美」—人生成功的為政修練
13. 君子有「九思」—人生成功的綜合修練

君子有「三立」——人生成功的終極修練

君子有「三立」，有兩種說法。一種是：立德、立行、立言。出自明末葉紹袁的《午夢堂全集》。葉紹袁在自序裡說：「長幼內外，悉以歌詠酬倡為家庭樂。丈夫有三不朽：立德、立行、立言。而婦人亦有三焉：德也，才與色也。」葉紹袁所言非虛，他自己立德、立行、立言，他的妻子女兒也都很有才華。

還有一種是：立德、立功、立言。出自《左傳》。《左傳》中說：「太上有立德，其次有立功，其次有立言，雖久不廢，此之謂不朽。」在古代，只有地位非常尊崇的人，才能稱之為「太上」。例如三皇五帝、太上老君、太上皇。立德是做人的前提，如果將人生比作一棵參天大樹，那麼立德便是樹的根部，根深才能葉茂，人生則興旺發達；立功，是在人生成長中，以各種行為和活動創造財富和自我實現的過程，同時會充實和豐富自己的人生，猶如樹的花和果實，有花才美，有果才盛；立言，則是將人生的豐富經歷和智慧與他人或後人分享，讓思想傳播出去，讓智慧和文明傳承下去，人生的價值也因此不斷增值，立言也就是樹的種子，結果生子，人生樂已齊備。

王守仁，字伯安，號陽明子，浙江餘姚人，明代著名的思想家、哲學家、軍事家。王守仁透過對儒釋道的思想和觀點的深入思考和研究，奠定了「心學」的思想體系，為中國古代哲學史翻開了新的一頁。他雖是文人，卻曾在從政期間平息「寧王之亂」，為明朝解除了一場大的禍亂。他五十四歲時辭官回鄉講學，創立書院宣講「心學」，並在天泉橋留下心學四句教法：「無善無惡心之體，有善有惡意之動。知善知惡是良知，為善去惡是格物。」現在他的故居有一副楹聯為「立德立功立言真三不朽，明理明知明教乃萬人師」。

追溯幾千年的中華文明發展史，真正做到「三不朽」的人物鳳毛麟角，孔子是一個，王陽明是一個，曾國藩僅算半個。

紀昀是這樣評價王守仁的：「守仁勳業氣節，卓然見諸施行，而為文博大昌達，詩亦秀逸有致，不獨事功可稱，其文章自足傳世也。有氣節，皆付諸實踐；學識淵博，文采非凡；著書立說，揚於萬世。」

君子有「三戒」——人生成功的戒律修練

【原文】

孔子曰：「君子有三戒：少之時，血氣未定，戒之在色；及其壯也，血氣方剛，戒之在鬥；及其老也，血氣既衰，戒之

在得。」(《論語・季氏》)

【譯文】

孔子說:「君子有三種事情應引以為戒:年少的時候，血氣還不成熟，要戒除對女色的迷戀;等到身體成熟，血氣方剛，要戒除與人爭鬥;等到老年，血氣已經衰弱，要戒除貪得無厭。」

《說文解字》中說:「戒，警也。」從「廾」和「戈」。「戈」是古代的一種兵器，「廾」代表兩隻手，戒就是兩隻手把持著戈，所以它的基本詞意是「防備、警備」，持戈以戒不虞。「戒」的本義是警惕、防備外部敵人，後來字義引申，凡不利於國家、群體、家庭、個人的人和事，均需警惕和防備，都可用「戒」字。此處說的「戒」，即指君子要警惕自己，不做那些可能會損害到自己的事。

孔子主張，在生活上「修己」要有「三戒」。少年時要防止貪戀美色、沉迷兒女私情、縱欲無度，因為這些行為一則會耗費少年時期的時間，二則不利於未成年人身體的發育。中年時要切忌任性好勝、打架鬥毆、尋釁滋事，和氣才是生財之道，與人和諧相處才能持久幸福。人過中年，氣血虛弱，不可以在名譽、地位和金錢方面太過於貪婪，適可而止，否則會損身折壽。老年時「戒得」，即戒貪。貪就是無度，對金錢、權利、地位、名譽的過度追求，會導致身心俱疲。應以恬淡為上。

君子「三戒」的階段性，強調的是不同年齡段修身的著重點。每個人，特別是領導者，要能夠每時每刻都做到「三戒」，不斷地自我管理、修練，方可有所成就。

在這三方面做得不好的多有早逝者、受傷者、身陷囹圄、鋃鐺入獄者、家破人亡者、功虧一簣者、晚節不保者、悔不當初者，數不勝數，讀者諸君自會從身邊時時感受，已無須案例說明了。

君子有「三畏」——人生成功的敬畏修練

【原文】

> 孔子曰：「君子有三畏：畏天命，畏大人，畏聖人之言。小人不知天命，而不畏也，狎大人，侮聖人之言。」（《論語．季氏》）

【譯文】

> 孔子說：「君子應該有三點敬畏：敬畏上天的意志（自然規律），敬畏德高望重的人，敬畏聖人的言論。小人不知道上天的意志，因而他不畏懼。他輕慢德高望重的人，蔑視聖人的言論。」

「畏」有「敬服」之意。君子有「三畏」，可以理解為君子要敬重天命、大人和聖人之言。天命就是上天的意志、客觀存在的自然規律；大人是德高望重的尊者；聖人之言就是智慧極高的聖賢的至理名言。

人有敬畏之心，才不容易狂妄。狂妄最容易導致滅亡，聖經有言「上帝要讓一個人滅亡，先讓他瘋狂」，此言極是。

【案例】首輔張居正「教」明神宗讀《論語》

明神宗，沖齡登基。一次在讀《論語》時，誤把「色勃如也」讀成了「色背如也」。在旁邊的太史、首輔張居正厲聲喝道：「當作勃字。」明神宗知道自己有錯，也被張居正的呵斥嚇了一跳，自此便對張居正有了敬畏感。張居正去世後，明神宗便失去了約束，整天迷戀酒色財氣，致使朝政荒廢、政治腐敗。明神宗被後人列為明朝滅亡的罪魁禍首。

【點評】

有敬畏的想法，才有正己的動力。丟失敬畏，掙脫了約束的枷鎖，就會無所顧忌、膽大妄為，災難也就會破門而入了。作為一國之君，無邊的權利一旦失去約束，就會立即汙濁人生，衰敗國勢，從而釀成大禍。

神宗如此，百姓亦然。

君子有「三愆」——人生成功的溝通修練

【原文】

孔子曰：「侍於君子有三愆：言未及之而言謂之躁，言及之而不言謂之隱，未見顏色而言謂之瞽。」（《論語．季氏》）

【譯文】

侍奉君子容易犯三種過失：不該說話的時候說話，叫急躁；該說話的時候不說話，叫隱瞞；不看人家貿然說話，叫瞎子。

這是很實用的溝通交流修養。孔子總結了溝通交流失敗的三種情形：第一種情形是沒到發言的時候就開講，這叫「躁」。這種情況是最常見的。

有的人生怕遭到冷落，或者怕被認為沒涵養，或者為顯示自己博學，常常不等人家說完就插嘴，令主講者不得不中斷思路來回答問題，常令主講者找不回思路而無法收場。

第二種情形是該說話的時候不說話，這叫「隱」。在與人交流中，由於錯過發言的機會，其觀點、立場、意見、智慧、風度、氣質都無以表現，談話中愛犯「隱」病的人，若代表團體出席會議，那他不是一個合格的代表，因為他不會給團體帶來積極效益；若他以個人身分參加，就會錯過表現自己的機會。

第三種情形最可怕，叫作「瞽」——淺白的說就是沒長眼。談話不看對象，不注意對方的臉色，不管人家愛不愛聽，不管是否觸到了人家的痛處，只在那裡自說自話。

關於談話的修養問題，孔子在《論語．衛靈公》中也曾講到。他說：「可與言而不與之言，失人；不可與言而與之言，失言。知者不失人，亦不失言。」

（該你提醒別人的時候，你沒有把話說出口，這是錯待了人；不應該你說的時候，你卻跟人家說了，這就是失言。一個

智者，既不會失言也不會錯待了人。）

有人天生一副熱心腸，對誰的問題都愛過問，這樣的人常常會犯失言的錯誤；有的人很謹慎，說話生怕得罪他人，怕說得不妥，於是對什麼人、什麼事都不開口，明知道自己該提醒對方注意，但就是因為自己的自私而遲遲不肯開口，這樣的人容易犯失人的錯誤。

孔子告誡我們，與人交流溝通，適度是一種美。既不能早，又不能晚；既不能多講，又不能不講。要恰到好處，拿捏好分寸，掌握好火候，做到既不失言又不失人，既不躁又不隱也不瞽。這需要一定的智慧，即孔子所稱的「知者」。有人整理出「徹悟人生的金玉良言」，其中有關於說話的三要素：該說時會說叫水準，不該說時不說叫聰明，知道何時該說何時不該說是高明。這與孔子的「三愆」論，具有異曲同工之妙。

【案例】李斯美言救中期

一天，秦始皇在朝堂上與大臣中期發生了激烈的爭論，能言善辯的中期占據了上風並獲勝，之後狂妄、執拗的中期大搖大擺地走了出去。秦始皇自覺失了顏面，不由得龍顏大怒，就想藉機殺掉中期。朝中大臣都為中期捏了一把冷汗。這時，丞相李斯上來打圓場，他說：「中期這個人也太狂妄了，幸虧他遇上了陛下這樣一位豁達仁慈的明君，要是遇到了夏桀、商紂那樣的暴君，中期肯定要掉腦袋嘍！」秦始皇聽了李斯這一番話，龍心大悅，也就不再計較剛才發生的事了，中期也因此得以倖免一死。

【點評】

一句話既可使人笑，也可使人跳。一句恰到好處的誇獎和讚美救了一條人命，這在專制的社會已是屢見不鮮。在現代社會，雖然不會因一句不恰當的話丟了性命，但也時常會影響說話者的工作、生活。可見，恰到好處的交流溝通彌足重要，需要不斷學習。

長孫皇后在唐太宗被魏徵的直諫惹惱後的一席話，也有異曲同工之妙。

君子有「三變」——人生成功的態度修練

【原文】

子夏曰：「君子有三變：望之儼然；即之也溫；聽其言也厲。」（《論語．子張》）

【譯文】

子夏說：「君子的態度讓你感到有三種變化：遠看他的樣子莊嚴可怕，接近他又溫和可親，聽他說的話嚴正精確。」

描述一個君子的容顏氣度的三種變化，並不是君子本身的變化，而是從交往者與君子的關係逐漸接近的角度來說的，這一段話是一幅形神兼備的學生心目中的孔子的畫像。君子是一

個可怕、可敬、可親又莊重的人。孔子的內心也認為做人該莊嚴、溫和、嚴正。

君子有「三德」——人生成功的美德修練

【原文】

子曰：「知者不惑，仁者不憂，勇者不懼。」（《論語．子罕》）

【譯文】

孔子說：「聰明智慧的人不會迷惑，仁德的人不會憂愁，真正勇敢的人不會畏懼。」

「仁」、「智」、「勇」是孔子所推崇的，也是一個君子應該具備的最主要的道德特質，成此「三德」，大德具矣。

心懷仁，則能內省不疚，樂天知命，無憂無慮；有睿智則明於事理，洞悉因果，所以就會不迷惑；有勇毅，則不畏不懼，可以排除萬難，勇往直前。

子曰：「君子道者三，我無能焉：仁者不憂，知者不惑，勇者不懼。」子貢曰：「夫子自道也。」（孔子說：「君子之道有三個方面，我都未能做到：仁德的人不憂愁，聰明的人不迷惑，勇敢的人不畏懼。」子貢說：「這正是老師的自我表述啊！」）孔子謙虛地說，自己還沒有完全做到，但一直努力想達到。子貢認為，孔子所說的三德境界，正是孔子所具備的、而諸弟子仍需努力學習才能達到那樣的境界。

牛頓（Isaac Newton），曾自言：「在宇宙的奧祕面前，我只是一個在海邊拾貝的兒童。」、「如果說我能看得更遠一些，那是因為我站在巨人的肩膀上。」

牛頓去世前鄭重囑咐別人在自己的墓誌銘上要寫下這樣的文字：「艾薩克．牛頓，一個海邊拾貝殼的孩童。」在謙虛這點上，牛頓之於孔子是何等的相似呀。

有一次孔子的弟子司馬牛請教孔子如何做一個君子，孔子回答說：「君子不憂愁，不恐懼。」司馬牛不太明白，接著又問：「不憂愁不恐懼，這樣就可以稱作君子了嗎？」孔子的回答是：「內省不疚，夫何憂何懼？」也就是說，如果自己問心無愧，那麼有什麼可以憂愁和恐懼的呢？當然，君子坦蕩蕩，不僅是行為端正而已，它更是人的內在品格。古人認為，君子有三種基本品德——仁愛、智慧和勇敢。

「仁者不憂，智者不惑，勇者不懼」，也就是說人如果有一顆博愛之心，有高遠的人生智慧，有勇敢堅強的意志，那麼他就必然會具有良好的心理和精神狀態，從而心底寬廣、胸懷坦蕩。

君子有「三樂」——人生成功的情操修練

【原文】

孔子曰：「益者三樂，損者三樂。樂節禮樂，樂道人之善，樂多賢友，益矣；樂驕樂，樂佚游，樂宴樂，損矣。」（《論語．季氏》）

【譯文】

孔子說：「有益的快樂有三種，有害的快樂也有三種。以得到禮樂的調節陶冶為快樂，以稱道別人的優點好處為快樂，以多交賢德的友人為快樂，是有益處的；以驕奢放肆為快樂，以閒佚遊蕩為快樂，以宴飲縱欲為快樂，是有害的。」

益者三樂，損者三樂。這裡所講的「三樂」是說每個善於「修己」的人應該有三種喜好，能夠以可以得到禮樂的調節，愉悅自己、陶冶情操為自己的喜好；能夠以認識和誇獎別人的優點和長處為喜好，優勢共用共同進步；以結交善良而有才智的朋友為喜好，良師益友，砥礪人生。

相對而言，如果選擇了驕傲放縱、好逸惡勞、縱欲荒淫作為喜好，便走上了頹廢的道路，也就離聖人之道越走越遠了。

儒家另一代表人物孟子也提出了他的人生「三樂」，他是這麼說的——

【原文】

孟子曰：「君子有三樂，而王天下不與存焉。父母俱存，兄弟無故，一樂也；仰不愧於天，俯不怍於人，二樂也；得天下英才而教育之，三樂也。君子有三樂，而王天下不與存焉。」（《孟子．盡心上》）

【譯文】

孟子說：「君子有三大樂事，稱王天下不在其中。父母健在，兄弟平安，這是第一大快樂；上不愧對於天，下不愧對於人，這是第二大快樂；得到天下優秀的人才進行教育，這是第三大快樂。君子有三大快樂，稱王天下不在其中。」

「一樂」家庭平安健康，「二樂」心地坦然，「三樂」教書育人。朱熹《集注》引林氏的話說：「此三樂者，一系於天，一系於人，其可以自致者，惟不愧不怍而已。」

也就是說，一樂取決於天意，三樂取決於他人，只有第二種快樂才完全取決於自身。因此，我們努力爭取的也在這第二種快樂，因為它是屬於「求則得之，舍則失之，是求有益於得也，求在我者也」的範圍，而不是「求之有道，得之有命，是求無益於得也，求在外者也」的東西。

孟子認為思想修養、精神完善只能不斷向內求，而不能向外求。「俯仰終宇宙，不樂復何如？」（陶淵明語）俯仰無愧，君子本色。

君子之樂，莫過於此。

君子有「三患五恥」——人生成功的德行修練

【原文】

君子有三患：未之聞，患弗得聞也；既聞之，患弗得學也；既學之，患弗能行也。君子有五恥：居其位，無其言，君子恥之；有其言，無其行，君子恥之；既得之而又失之，君子恥之；地有餘而民不足，君子恥之；眾寡均而倍焉，君子恥之。（《禮記．雜記》）

【譯文】

君子擔心的事有三件：自己沒有聽說過的知識或道理，擔心不能聽到；已經聽說了，擔心不能學到手；已經學到了，又擔心不能實行。君子感到可恥的事有五件：擔任一定的職位，卻不能發表應有的意見，君子感到可恥；發表了意見卻不去實行，君子感到可恥；實行中半途而廢，君子感到可恥；空有國土廣闊卻無人民願意依附，君子感到可恥；老百姓平均分東西，每人得一份，而自己卻多拿一份，君子感到可恥。

君子有「四不」——人生成功的情商修練

【原文】

子曰：「莫我知也夫！」子貢曰：「何為其莫知子也？」子曰：「不怨天，不尤人。下學而上達，知我者其天乎！」（《論語．憲問》）

【譯文】

孔子說：「沒有人了解我啊！」子貢說：「怎麼能說沒有人了解您呢？」孔子說：「我不埋怨天，也不責備人，下學禮樂而上達天命，了解我的只有天吧！」

【原文】

回年二十九，髮盡白，蚤死。孔子哭之慟，曰：「自吾有回，門人益親。」魯哀公問：「弟子孰為好學？」孔子對曰：「有顏回者好學，不遷怒，不貳過。不幸短命死矣，今也則亡，未聞好學者也。」（《史記．仲尼弟子列傳》）

【譯文】

顏回二十九歲時，頭髮全白，英年早逝。孔子為顏回的死哭得非常傷心，說：「從我有了顏回，弟子們更加親近（我）。」

魯哀公問：「你的弟子哪一個最好學？」孔子回答：「我有個叫顏回的學生好學，他從來都不把自己的怒氣轉移到別人的身上，不重複犯同樣的過錯。但他不幸早死，顏回死了，再也沒有這麼優秀的學生來繼承、傳播我的理想了。」

所謂「四不」，即是：不怨天，不尤人；不遷怒，不貳過。人，往往執著於外在的追求，稍不如意即牢騷滿腹，而孔夫子則教導我們不要怨天尤人。要向曾子一樣，吾日三省吾身，遇見事情先反躬自省。還要像顏回一樣，不遷怒於人，不重複同樣的過錯，具備高度的自省能力。這樣的要求並不過分，只要我們能做到，就具備君子的品格了。

君子有「四毋」——人生成功的處事修練

【原文】

子絕四：毋意，毋必，毋固，毋我。（《論語．子罕》）

【譯文】

孔子杜絕了四種缺點：不憑空猜測臆斷，不絕對肯定，不固執拘泥，不自以為是。

所謂「四毋」，即是「毋意」、「毋必」、「毋固」、「毋我」。儒釋道都強調修心，「四毋」是在教我們要降服自心。

毋意，是教我們不要憑空揣測，無中生有，空穴來風，要牢記「天下本無事，庸人自擾之」。

毋必，是教我們凡事不要太絕對，既不絕對肯定，也不絕對否定，有時要做到「無可無不可」。

毋固，是教我們要講究原則性和靈活性的統一，不要拘泥己見、墨守成規。

毋我，是教我們要放下自我，千萬不可狂妄自大，自以為天下第一。

第一，說話的時候必須要有根據，合乎禮儀，要謹言慎行，憑空猜測或主觀臆斷所得出的結論並不可靠，甚至可能會釀成大禍，言多必失；第二，世界上沒有絕對肯定的事情，因此我們說話必須根據情境得體表達，做事也要懂得變通；第三，以自我為中心是非常錯誤的選擇，固執己見、一面之詞往往混淆是非；第四，不可以自以為是，要避免驕傲自大。

聖人也是人，出生時的善與惡難辨。但受後天的影響，每個人多多少少都會有貪婪、猜忌和自大的弊病。聖人之所以為聖人，就在於其善於發現問題並能堅持原則，用「四毋」告誡自己克服自己的缺點，不斷提升自身的程度。

【案例】阿圖的冤案

一名楊姓女子了晚上七點去廁所，卻在當晚九點被發現因扼頸窒息死於公共女廁內。

阿圖於當晚與同事吃完晚飯分別後，聽到女廁內有女子呼救，便急忙趕往女廁內施救。而當他趕到時，呼救女子已經遭強姦並因扼頸身亡。隨後，阿圖跑到附近警察局報案，阿圖被警察局長小明認定為殺人兇手。

事件僅僅六十一天後，法院在沒有充足證據支持的情況下，判決阿圖死刑，並予以立即執行。將近十年後，當地破獲了一起連環殺人案。犯罪嫌疑人阿志在招認的十幾起案件中，其中第十六起就招認了楊姓女子的命案。

【點評】

釀成冤案的原因繁多，但有一條是可以肯定的，在證據不確鑿、無法形成證據鏈的情況下，以有罪推論來「羅織」證據，絲毫沒有仔細核實阿圖的無罪辯護。如果認真對待被告的辯護，不憑空猜測，不絕對肯定，不固執拘泥，不自以為是，也許這樣的悲劇就不會發生了。

臆斷毒似蛇，猜測釀大禍。斷案重證據，不可捕風捉影。

君子有「五行」——人生成功的品格修練

【原文】

子張問仁於孔子。孔子曰：「能行五者於天下，為仁矣。」請問之。曰：「恭、寬、信、敏、惠。恭則不侮，寬則得眾，信則人任焉，敏則有功，惠則足以使人。」（《論語．陽貨》）

【譯文】

子張問孔子怎麼做到仁。孔子說：「能在天下實行這五項就是仁了。」「請問是哪五項？」孔子說：「恭敬、寬厚、信實、勤敏、慈惠。恭敬就不致遭受侮慢，寬厚就會得到眾人的擁護，信實就會得到別人的任用，勤敏就會取得成功，慈惠就能有本錢去用人。」

人的修養和美德存在於自身，會經由接人待物處事表現出來。尊敬他人，謙虛學習，為人寬容忠厚誠信，處事勤為先，善於變通，懂得仁慈善良，懂得感恩惠及他人，這是個人道德修養的基礎。

【案例】楚莊王的寬厚

春秋時，楚莊王有一次和群臣宴飲，當時是晚上，大殿裡點著燈，正當大家酒喝得酣暢之際，突然燈燭滅了。這時莊王身邊的美姬「啊」地叫了一聲，莊王問：「怎麼回事啊？」美姬對莊王說：「大王，剛才有人非禮我。那人趁著燭滅，牽拉我的衣襟。我扯斷了他帽子上的繫纓，現在還拿著，趕快點燈，抓住這個斷纓的人。」

莊王聽後說：「是我賞賜大家喝酒，酒喝多了，有人難免會出格，沒什麼大不了的。」於是命令左右：「今天大家和我一起喝酒，如果不扯斷繫纓，代表他沒有盡歡。」群臣一百多人馬上都扯斷繫纓而盡情飲酒，盡歡而散。

過了三年，楚晉開戰。一位將軍常常衝在前面，勇猛無敵。戰鬥勝利後，莊王感到驚奇，忍不住問他：「我平時對你並沒有特別恩惠，你打仗時為何這樣賣力呢？」答曰：「我就是那天夜裡被扯斷了繫纓的人。」

【點評】

寬厚待人齊斷纓，恩澤大將捨身報。領導者必須有寬厚的胸襟，以大局為重，而無須事事計較得失，這樣才能包容人才，信服人才，並為其所用。

【案例】楚厲王失信危國

楚厲王在遇到危急的情況時，會用擊鼓發信號的方式，動員臣民加強防範。一次，楚厲王酒後大醉，糊里糊塗地敲起號令鼓，方圓幾里的臣民都聞聲聚集在了一起。此時，楚厲王無奈派人阻止大家，並解釋道：是因為喝醉了酒，與侍從開玩笑，擊錯了鼓。匆匆趕來的百姓只得紛紛回家。過了幾個月，真的出現了緊急情況，號令鼓聲響起，而臣民們並未回應，使得國家岌岌可危。

【點評】

周幽王烽火戲諸侯，只為博得美人褒姒一笑，導致國破家亡。歷史的悲劇總是不斷重演。把擊鼓當作兒戲，信任也就蕩

然無存了。人無信不立，誠是為人之根，信是處事之本，也是治國之基礎。領導者的誠意喪失、信任缺乏，注定會鑄成大禍。

領導理論專家喬治訪問了世界各地的一百二十五位傑出領導者，合寫一本書，該書指出，偉大的領導力即是「真誠」，偉大的領導者就是保持了真誠本色的領導者。

「真誠：真實的，值得信任、信賴或者信仰。」這是詞典對真誠（authentic）一詞的定義，也是喬治的領導理念最核心的關鍵字。

喬治相信：領導力始於真誠，也終於真誠。真誠是做你自己，做你本該成為的那個人。真誠的領導者希望以自己的領導力為他人服務。真誠的領導者感興趣的不是為自己獲得權利、金錢或者其他特權，而是授權於他們領導的人們，為社會做貢獻。領導力既為大腦的能力所引導，也為內心的真誠所引導，為熱情和同情所引導。

【案例】袁紹的惡毒之心與曹操的寬厚之舉

東漢末年，一場官渡之戰，成全了一代梟雄曹操。戰前，袁紹的謀士田豐分析敵我形勢後，力勸袁紹要謹慎從事。但在其他謀士煽動的情況下，袁紹根本沒有心思聽田豐的勸諫，反而認為田豐在大戰前動搖軍心，將田豐關到監獄裡。最終官渡一戰袁紹慘敗。他羞愧至極無顏面對田豐，竟然派人祕密將田豐殺死在獄中。

相較而言，曹操更為寬容。在征討烏桓前，諸多謀士都反對其戰略部署。但他還是執意要出兵征討，當然最後也獲得了勝利。曹操班師回朝，眾謀士心裡都惴惴不安，曹操則下令把他們召集來，非但沒有責罰他們，反而鼓勵他們以後繼續直言勸諫。

曹操討伐袁紹時，曾被陳琳一紙檄文罵得狗血淋頭，辱及祖宗。但是，他愛惜陳琳的才華，事後不但不殺，反而委以重任。

打敗袁紹後，曹操的手下在整理繳獲的文書時發現了一些曹操部下和袁紹暗通的書信。有人勸曹操把這些人都殺了，曹操卻說：「尚紹之強，孤亦不能果，況他人乎？」意思是說：當袁紹強大的時候，連我自己都不知道結果將會怎樣，更何況別人呢？於是，曹操下令焚毀這些書信，對當事人概不追究。

【點評】

不管歷史對曹操評價如何，在他身上表現出來對人才的憐惜、對下屬的寬容都說明他這一軍之帥、一方霸主是當之無愧的。在許多時候，我們如果能設身處地地為別人著想，那麼，別人的過錯可能有許多都是情有可原的。寬容促進諒解，寬容比處罰更能贏得人心、激勵人心。

所謂量小非君子，無「度」不丈夫。成大事者，往往都有寬廣的氣度。對一個領導人來說，氣度是領導特質的重要內涵。只有擁有包容屬下過失的氣度，領導才能夠得到屬下的真心擁戴。海納百川，有容乃大。謙虛的、寬容的領導者更善於

兼聽，更能聽到真實的見解，更能獲得別人的支持。

君子有「五美」——人生成功的為政修練

【原文】

子張問於孔子曰：「何如斯可以從政矣？」子曰：「尊五美，屏四惡，斯可以從政矣。」子張曰：「何謂五美？」子曰：「君子惠而不費，勞而不怨，欲而不貪，泰而不驕，威而不猛。」（《論語．堯曰》）

【譯文】

子張問孔子：「怎麼樣才可以從政呢？」孔子說：「遵循五種美德，摒除四種惡習，就可以從政了。」子張問：「什麼是五種美德呢？」

孔子說：「君子使百姓得到好處，自己卻無所耗費；安排勞役，百姓卻不怨恨；希望實行仁義，而不貪圖財利；安舒矜持，而不驕傲放肆；莊重威嚴，而不兇猛。」

聖人在幾千年前就提出了尊「五美」的為政之道，也展現了孔子仁政治國的思想，認為為政者要使天下百姓人心歸服，就得不斷修養道德，勤勉為政，克制私欲，寬以待民，減少賦稅，實行富民政策，節用愛民，使用以時，讓人民在實際中體會仁政的益處，得到實惠。關心愛護人民，為人民多辦實事，做到這些自然會得到人民的擁戴。這樣才會出現「其身正，不令而行」的局面。古今中外，這個道理一直是通用的。

孔子提出的「五美」，也是五種好的修養和道德。一是君子利他，給別人好的利益，對自己不會有犧牲損害；二是做事要任勞任怨；三是不可過分貪求欲望的滿足；四是心胸要寬大、要謙遜，不能有驕傲的心態；五是個人的修養在於以魅力及品德信服他人，而非讓他人感到恐懼。

子張問：「四種惡政是什麼？」孔子回答：「事先不進行教育，（犯了錯）就殺，這叫虐；事先不告誡不提醒，而要求馬上做事成功，這叫暴；很晚才下達命令，卻要求限期完成，這叫賊；同樣是給人東西，拿出手時顯得很吝嗇，這叫有司。」

【知識連結】李嘉誠自我管理九重點

1. 勤奮是一切事業的基礎。
2. 對自己要節儉，對他人要慷慨。
3. 始終保持創新意識。
4. 堅守諾言，建立良好的信譽。
5. 決策任何事情前，應胸襟開闊，統籌全域；一旦下定決心，就要義無反顧，始終貫徹。
6. 要信賴下屬，集思廣益，盡量減少出錯。
7. 給下屬建立高效率的榜樣。
8. 實施政策要沉穩持重，注重培養企業管理人員的應變能力。
9. 要了解下屬的希望。除了生活，應讓員工有好的前途，並且一切以員工的利益為重。

君子有「九思」——人生成功的綜合修練

【原文】

孔子曰：「君子有九思：視思明，聽思聰，色思溫，貌思恭，言思忠，事思敬，疑思問，忿思難，見得思義。」（《論語．季氏》）

【譯文】

孔子說：「君子有九個方面要多用心考慮：看，考慮是否看得清楚；聽，考慮是否聽得明白；臉色，考慮是否溫和；態度，考慮是否莊重恭敬；說話，考慮是否忠誠老實；做事，考慮是否認真謹慎；有疑難，考慮應該詢問請教別人；發怒，考慮是否會產生後患；見到財利，考慮是否合於仁義。」

君子應該從九個方面思考做好自我修練：第一，接人待物，需看清其本質，明確自己是否已經真正理解和明白；第二，聽取意見和建議時，要考慮到，有偏聽和輕信的可能；第三，應注意自己的面部表情，要時刻保持臉色溫和；第四，想想自己是否恭謙禮讓，要做到平等對待；第五，說話時，想想自己是否在編造謊言或騙人，說的是否是實話；第六，工作辦事時，考慮自己是否敬業；第七，人非聖賢，有疑惑或不懂的地方，是否選擇求教，以求得正解；第八，快要發脾氣了，想想發脾氣後可能造成的不良後果是什麼；第九，獲得了報酬和利益的時候，想想是否是不勞而獲的，取不義之財就是貪婪了。

【案例】孔子被困

觀察明白就能了然於胸，而不至於誤會別人，這樣才能了解事情的真相。孔子就曾經有過這樣的經歷。

有一次孔子被困在陳蔡之間，七天都沒怎麼吃東西，睏餓交加。很多徒弟跑出去找東西吃，昏昏欲睡的孔子忽然聞到了粥的香味，迷迷糊糊地睜眼一看，發現顏回正在幫他煮粥。他心裡感慨：我教了這麼多學生，只有顏回這個時候給我煮粥。剛想到這裡的時候，孔子看見顏回偷吃了一口粥，就失望地嘆了口氣，繼續睡覺。

這個時候，顏回端著粥過來了，孔子說：「我剛才做夢夢見了自己的先人，所以這些飯要先祭奠一下我的先人。」古時候是很講師道尊嚴規矩的，吃飯之前要先敬天、敬地、敬神，然後自己再吃（敬天地神的東西都要很乾淨）。

顏回一聽，臉色就變了。孔子就問顏回怎麼了，顏回說這個粥髒了。孔子想這還算說實話，又問這麼好的粥怎麼髒了。顏回說粥快熟的時候，發現粥裡面掉進了一些灰塵和髒汙，呈上怕不潔淨，壞了老師的身體，扔掉它又覺得可惜。於是，他就抓起黏了灰塵的米吃掉了。顏回說：「灰塵落在裡面，按說這個粥連老師都不能喝，但是找粥不容易，又怕老師看見不快，就把它撈出來了，敬天地是沒辦法了，老師您多少吃一些吧。」

孔子覺得很愧疚，感慨嘆息說：「所相信的是眼睛，可眼睛

看到的還不可信；所依憑的是心，可心裡揣度的仍不可依。」孔子說本來他覺得自己了解這個道理，但是實際上還是無法完全付諸實行。

【點評】

作為領導者，觀察一定要清晰、明確無誤，遇到任何事都不可意氣用事，要冷靜地觀察和處理，不要僅相信眼睛所看到的，還要細緻、充分、全面地調查分析，這樣才不會武斷，才能盡可能地避免失誤。

「四毋」與「九思」讓一個領導者的觀察、思考、分析、判斷更加精準與周全。

【案例】兼聽納諫成聖君

秦朝末年楚漢之爭，漢王劉邦看似無法與勇猛過人威震天下的西楚霸王相比，然而劉邦卻善於攬天下人才、善於納諫，他聽取韓信、張良等人的妙計，向項羽示弱並運籌帷幄，最終出奇制勝，創立了大漢王朝。而西楚霸王則剛愎自用、優柔寡斷，全然不顧范增等人的勸諫，最終落得自刎於垓下的境地。

貞觀二年，唐太宗曾問魏徵：「什麼樣的君主才可以稱得上是聖明的君主，昏君又是怎麼樣的？」魏徵答道：「君主之所以能夠聖明，是因為他能夠聽取不同的建議和意見；昏庸的君主則往往偏聽偏信。《詩經》說：『要向割草砍柴的人徵詢意見。』堯舜治理天下都廣納賢才、聽取各方的意見，了解實際情況，所以聖明的君主能夠做到無所不知。只有這樣，君主才不會被奸佞小人花言巧語蒙蔽、迷惑，也不會有秦至二世而亡，梁武帝、隋煬帝亂兵已至卻全然不知這樣的事情發生了。」

【點評】

聖君明主往往兼聽，昏君庸主常常偏信。每一位領導者的知識、經歷、精力、時間和資訊都是有限的，如何能夠運籌帷幄、決勝千里呢？需要打造強而有力的團隊，將每個成員的知識、經歷、資訊等匯聚整合，形成獨特的凝聚力和實力，來成就團隊的目標。剛愎自用、自以為是只能逞一時之快，最終結果通常都是慘烈地結束弱小的生命。

領導力專家柯林斯（Jim Collins）指出第五級經理人真正的技能是問正確的問題。能不停地問問題，這要求領導者能認識到自己並不完全了解真相，要放下心中固有的想法，真誠謙卑地傾聽。

【案例】李勣的「護身符」：謹言慎行

《資治通鑑．唐太宗貞觀十五年》：「上曰：『隋煬帝勞百姓，築長城以備突厥，卒無所益。朕唯置李世勣於晉陽而邊塵不驚，其為長城，豈不壯哉！』」（太宗說：「隋煬帝濫用民力，修築長城防備突厥，最後也沒什麼大的作用。現在我僅命令李世勣駐守晉陽，邊境便安定無戰事，李將軍可比長城，這

是何等雄武的事啊！」）隋朝末年，李勣（本姓徐，名世勣，字懋功）跟隨李世民東征，因驍勇善戰，屢立戰功，唐太祖李淵賜姓李，後因避唐太宗李世民諱，改名為李勣；其人不驕不躁，知足自得，「令行禁止，十分稱職」。李世民登基後，非常信任和器重李勣，封其為英國公，命其駐守並州，後升任宰相同時輔弼太子李治。

太宗病逝前，為了確保李氏江山穩固，將李勣貶為地方官。李勣毫無怨言，一直安分守己、盡職盡責。最後李治尊重父皇的遺志召回李勣任宰相。李治登基後，準備立武則天為皇后，前朝老臣都來制止，但李治在徵求李勣的意見時，他並無多言，只回答道：「此陛下家事，何必問外人！」武則天登上皇后位置後，為排除異己，對反對她的老臣們貶降、滅族、刺死，手段極其毒辣，僅李勣倖免，此後他更加謹言慎行，得善終。

【點評】

戰功卓著，名垂青史；謹言慎行，方得善終。言多必失、禍從口出、小心駛得萬年船。這些俗語都在教導我們，要謹慎從事，毫釐小錯有可能導致「千里」之大誤。領導者在做決策、帶團隊的時候更要慎重，不注重細節、肆意妄為必定會造成整個團隊的巨大損失。

儒家思想所推崇的「修己以敬」，其內涵是希望透過聖人、聖賢，或者我們現代人所說的「領導者」，藉由對自身的

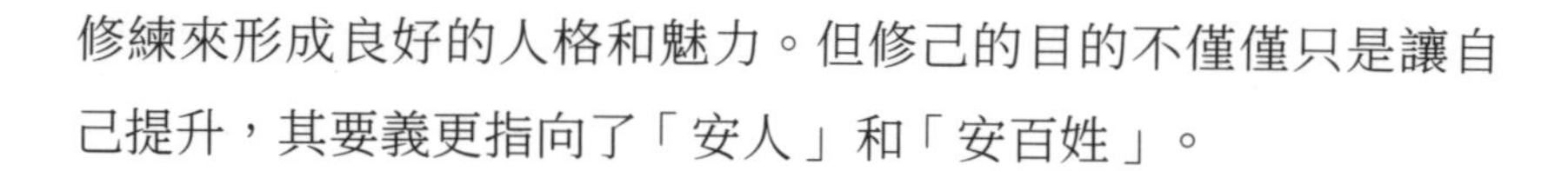

修練來形成良好的人格和魅力。但修己的目的不僅僅只是讓自己提升，其要義更指向了「安人」和「安百姓」。

二、「修己安人」——儒家領導者的踐行體悟

儒家思想從其起源始就肩負著自己的使命，宣揚和踐行著：從自己做起正身修行，並能夠為身邊人的榜樣。如今，領導者除了提升自身素養，同時也要成為追隨者的學習典範。

（一）「身正令行」的表率作用

【原文】

子曰：「為政以德，譬如北辰，居其所而眾星共之。」（《論語．為政》）

【譯文】

孔子說：「國君治理國家，用道德教化來推行政治，就像北極星一樣，處於它一定的位置，而群星都環繞在它的周圍。」

【原文】

季康子問政於孔子。孔子對曰：「政者，正也。子帥以正，孰敢不正。」（《論語．顏淵》）

【譯文】

季康子向孔子問怎樣為政。孔子回答說：「政，就是正。您帶頭走正道，誰敢不走正道。」

無論是為政還是帶領團隊，都要有共同的目標。領導者帶領團隊都希望營造積極的氛圍、打造強大的團隊凝聚力，而優秀領導者充當的角色便是「北極星」，能夠以「正」使追隨者做正確的事。

領導者與老闆的最大分水嶺在於：領導者和老闆暗含著不同的管理行為和管理哲學。私營工商業的財產所有者，通常被稱為老闆，他們憑藉勤勞或對產業經營的長期摸索，累積了豐富的閱歷，形成了沉穩的作風。老闆的管理手段或方式，往往是基於對權力和財產所有權的擁有產生的，老闆通常是權力中心，下屬對老闆有畏懼感，往往會被動地聽從指令。老闆的管理方式是設計等級森嚴的組織結構，採用集權管理。

相比之下，領導者有兩點不同於老闆。其一，要「領」，就是領導要做到帶領、引領、示範；其二，要「導」，就是要做好引導、溝通、激勵。因此，領導者必須具備優秀的特質、獨特的風格，並選擇使用有效的方法引導、溝通和激勵來管理追隨者。發揮領導者的人格魅力和影響力，有效的團隊管理、激勵方式和授權管理可以作為優秀領導者的重要手段，其中，領導者高效管理的關鍵在於自我的修練，即「以身作則」。

領導者與老闆的區別，如下圖所示。

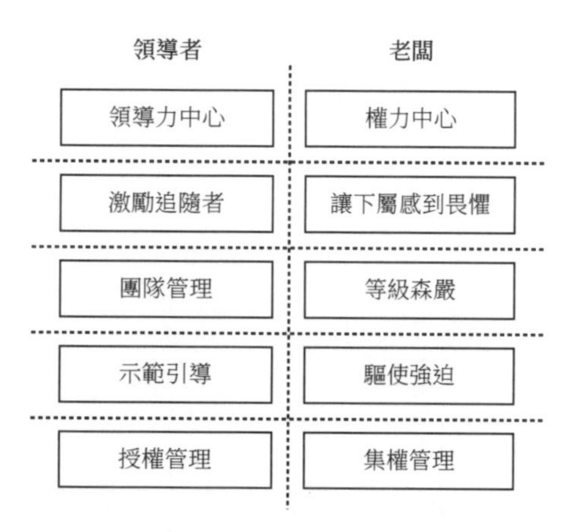

李嘉誠說：「我常常問我自己，你是想當團隊的老闆還是做一個團隊的領袖？一般而言，做老闆簡單得多，你的權力主要來自你的地位之便，這可能來自上天的緣分或憑你的努力和專業的知識。做領袖較為複雜，你的力量來自人性的魅力和號召力。要做一個成功的管理者，態度與能力一樣重要。領袖領導眾人，促動別人甘心賣力；老闆只懂支配別人，讓別人感到渺小。」

李嘉誠的論述極其精到。

【案例】一代名將李廣「身正令行」受擁戴

西元前一二一年夏季，漢武帝發動了第二次對匈奴的大戰役——河西戰役。李廣所率的四千先行部隊被四萬匈奴騎兵團團包圍，李廣命兒子李敢身先士卒殺入敵陣，全軍被李廣父子的精神感動，劍拔弩張，決一死戰，堅持了一天一夜，等來了援兵，匈奴騎兵被迫撤走。李廣身正令行，受到全軍的愛戴。

司馬遷曾引用《論語》的話發表評論說：「『其身正，不令而行；其身不正，雖令不從』。其李將軍之謂也。」

【點評】

「桃李不言，下自成蹊」是「身正令行」的最高境界。以身先士卒為令，勝於虎符權杖。領導者的自身修為直接關係到其領導力的強弱，是提升領導力的關鍵。儒家主張「身正令行」，意味著如果領導者具有較高人格魅力、正義感，能作為正確的表率，即使不下命令，追隨者也會積極地執行領導者的旨意；如果領導者身不正、行為不正當，即使三令五申，追隨者也不會真正地服從他。領導者應以正身為名，行不言之教，潛移默化地影響追隨者。

【案例】一國盡服紫

春秋時期，齊桓公偏愛穿紫色衣服，所以齊國上下都流行穿紫色服裝。當時在市場上，五件素服的價格都抵不上一件紫色衣服。齊桓公因此擔心起來，對管仲說道：「我喜歡紫色衣服，紫衣的面料非常貴，可齊國的百姓也喜歡穿紫色衣服，這該如何是好啊？」管仲回答：「您想要制止這種現狀，為何不試試穿其他顏色的衣服呢？您跟侍從說，現在您非常討厭紫色，紫色太難看了。只要有穿紫色衣服的侍從來到您身邊，您就要對他說，趕快走遠、趕快走開，紫色太難看了。」齊桓公認為不錯。當天便看到侍從不再穿紫色衣服，隔天京城所轄範圍內便沒有人穿紫色衣服，第三天，齊國境內便沒有人穿紫色衣服。

【點評】

齊王好紫衣，天下紫布貴；吳王好劍客，百姓多瘡瘢；楚王好細腰，宮中多餓死。每一個故事裡面都蘊含著作為領導者的重要法則：以身作則是最好的規章，身先士卒是最有效的命令。

【案例】未敢失禮，不敢失節

唐代李師古憑藉自己的藩鎮勢力，驕橫無度，卻對朝中宰相杜黃裳又敬重又畏懼。一次，李師古派了一名精明幹練的下屬，帶著數千緡錢幣和價值一千緡的豪華車子去宰相府送禮。他的下屬到了宰相府門口，不敢貿然進入府中，只能在門口一直等著。這時，看到一頂綠色小轎出來了，轎子兩旁的婢女都穿著陳舊的青衣衫。於是，李師古的下屬便問，轎子裡面坐著的是誰呀？有人答道，是宰相夫人。這名下屬摸清了情況，急忙回去一五一十地向李師古彙報。李師古聽後便改變了自己原來的主意，至死都不敢再違法違制了。

【點評】

一頂小轎樹清廉，凜然正氣鎮強權。宰相杜黃裳能奢華卻甘於簡樸，不畏強權，不同流合汙的品格，令人敬佩。

修身正己、盡職盡忠才是他的本分。能夠以清廉、儉樸的作風作表率，讓割據一方的藩鎮醒悟，難能可貴。

領導者的角色如何定位現代管理學大師彼得．杜拉克（Peter Ferdinand Drucker）認為，領導者必須具備四個要素：

擁有跟隨者；引導跟隨者；是眾人的典範；領導是責任。

領導者要會「領」，想法和行動都要走在其他人的前面，關注團隊的整體人力分配和關鍵細節的掌握；也要懂得「導」，引導和激勵缺一不可。那麼領導的對象又是誰呢？是跟隨者。領導者的存在必須有追隨者的存在，追隨者既可以是下屬，也可以是崇拜者，而領導者發揮作用必須要以合理的方法來使追隨者「動起來」，為共同的目標而努力。每一位領導者必須以管理自己為起點，修身正己，成為追隨者學習的榜樣，不斷地為追隨者的進步建立目標，能夠做到有效地管理自己，以身作則，這都是領導者的責任。清代的陳淡野在《相理衡真》有言：「人亦一器也，莫不各有其量，如天地之量，聖賢帝王之效焉；山嶽江海之量，公侯卿相之所則焉。古夷齊有容人之大量，孟夫子有浩然氣量，范文正有濟世之德量，郭子儀有富量，諸葛武侯有智量，歐陽永叔有教授量，呂蒙正有度量，趙子龍有膽量，李德裕有力量，此皆遠大之器。」

海之所以成其大，就是因為其能夠容納百川；唐太宗之所以賢明，就是因為他雄才大略，能夠籠絡天下賢才，善於納諫；器量，大器必是腹內空空，才可以容萬物。所以，領導者是什麼樣子、做了什麼、做到什麼程度，下屬也會大致和領導者相仿。領導者是容器，下屬或跟隨者便是水。高腳杯適合盛紅酒，小酒盅適合盛白酒，餅乾甜筒可以放冰淇淋，木桶的大小決定了水的高度。總而言之，領導者的志向和眼光決定著整個團隊的發展前景，也就為下屬或跟隨者提供了成長的方向，領導者能力的大小也勢必影響其身邊每個人的發展。

那麼領導者該如何做好「器」呢？最重要的東西是把自己管好，所有的領導力培訓裡面都沒有比『以身作則』這四個字更重要、更簡單的了。所以說，最好的管理就是管好自己。

【案例】巴頓將軍雨中修坦克

美國著名鐵血將軍巴頓（George S. Patton），二戰時期曾率領美國第三軍團馳騁在歐洲大陸之上。一個大雨滂沱的冬日午後，巴頓將軍在趕往前線的途中，發現一輛坦克停在路邊，有幾個大兵圍著坦克準備修理。「你們讓開，讓我來試試。」巴頓捲起袖子走向坦克，最終在大雨中趴在坦克底下足有一個多小時……坦克最終沒有修好。事後，巴頓的司機就問了巴頓關於坦克的情況，巴頓翻了翻白眼說：「我不知道這該死的坦克哪裡出了問題，我只知道，巴頓將軍在滂沱大雨中在泥濘的坦克下維修坦克超過一個小時的消息，馬上就會傳遍所有正在前線作戰的這幾個師。」其實，在一戰結束後巴頓將軍就再也沒有

真正研究過坦克的構造，那之後的巴頓將軍其實都是在研究坦克的戰術。二戰時期的那些新型坦克，巴頓自然是一竅不通了。

【點評】

領導者在問題面前必須身先士卒，以實際行動為他人做出示範，建立榜樣。那麼有人會問，只是身先士卒，結果沒有解決問題，這種示範有效果嗎？其實領導者能做到身先士卒即可，而不是要求領導者身先士卒去完成具體的任務。反面教材很多，例如三國時諸葛孔明就是事必躬親，結果其去世後蜀漢便失去了支柱，逐步衰敗了。

【案例】朱總裁拒收畫

朱總裁到工藝美術館視察，參觀過程中他被一幅精美絕倫、構思巧妙的貝雕畫吸引，並對該畫連連稱讚。美術館負責人認為朱總裁非常喜歡這幅畫，為投其所好，便自作主張在朱總裁參觀館內的期間，將該畫包裝好悄悄放進了朱總裁的車裡。離開美術館後，朱總裁發現自己在美術館看到的畫在自己的車裡，立即派人將畫送還。

【點評】

畫雖好，稱讚欣賞過就可以了，絕不能據為己有。處處嚴於律己，時時拒絕誘惑，這才是領導者的風範。出淤泥而不染，濯清漣而不妖，蓮的潔身自好便是領導者應該效仿的典範。

推功攬過，領導者品行之要

《黃石公三略．軍讖》曰：「軍井未掘，將不言渴；軍幕未辦，將不言倦；軍灶未開，將不言餓；雨不披蓑，雪不穿裘；將士冷暖，永記我心。」意思就是說，軍井未挖好，將領不要說口渴；幕帳未搭建好，將領不要說累了；軍灶未搭好，將領不能帶頭說餓；下雨天不要披蓑衣，嚴寒的冬天不要穿皮衣。全軍將士的冷暖要切記在心。這就是身為將領必須遵循的規則。

利益在前，不當第一；責任面前，衝在前線。每一個團隊都是一個共同體，一榮俱榮，一損俱損。不管是領導者還是跟隨者都應盡職盡責，一旦出問題了，過錯不應該只由跟隨者來承擔，在此過程中領導者有更大的責任，所以領導者應該有推功攬過的優秀品格。推過攬功、推責攬權的老闆或管理者，都無法成為領導者。

【案例】孫權推功攬過的智慧

三國時期，孫權率兵收回荊州之後，設宴慶功、犒賞三軍，並把大將軍呂蒙置於上座，對大家說：「荊州久攻不下，今天成功奪取，都是呂蒙大將軍和大家的功勞啊！」孫權把戰爭的勝利全部歸功於大家，令眾將士深為感動。後來，孫權被曹操手下的張遼所激怒，帶兵與之決戰，結果大敗而歸，孫權誠懇、自責地說：「這次失敗，完全是我輕敵所致，從今往後我定當改正。」孫權推功攬過的做法，深得將士們的擁戴和敬

重。與孫權的交際策略形成鮮明對比的是袁紹，他的勢力一度強大，威震中原，但他好大喜功。有一回打仗獲勝後，他竟當著眾將士的面吹噓說：「要不是我料敵如神，採取側擊包圍的戰術，我們怎能這麼快就攻下來？」眾將士面面相覷，不敢多言。

【點評】

歷史上的功過是非，已成定局，但謀事在人，尤其對於最高決策者來說。若能做到推功攬過，就可上行下效、激勵人心、穩固基業、強盛國力；若推過攬功，則眾叛親離，江山社稷不保。推功需要有足夠的度量和胸懷，攬過更需有充足的擔當和能力。

（二）江洋大盜盜跖的領導哲學

《莊子．外篇．胠篋》中有一段描述盜跖的內容。盜跖之徒問於跖曰：「盜亦有道乎？」跖曰：「何適而無有道邪？夫妄意室中之藏，聖也；入先，勇也；出後，義也；知可否，知也；分均，仁也。五者不備而能成大盜者，天下未之有也。」（盜跖的門徒問盜跖：「做強盜也有規矩和準則嗎？」盜跖回答說：「到什麼地方會沒有規矩和準則呢？憑空推測屋裡儲藏著什麼財物，這就是聖明；率先進到屋裡，這就是勇敢；最後一個退出屋子，這就是義氣；能知道可否採取行動，這就是智慧；事後分配公平，這就是仁愛。以上五樣不能具備，卻能成為大盜的人，天下是沒有的。」）

盜亦有道，聖、勇、義、智、仁是盜跖的道。通常我們推崇聖賢而厭惡小人，盜賊是為世人所不齒的。但如果我們能夠跳出對事物貴賤高低的評判，那麼可以發現盜跖實際是在用聖人的標準規範自己。

這一段文字一直都受到非議，因為盜賊畢竟是行竊、獲取不義之財的人，他們有什麼資格談經論道，來談論這麼深奧、有哲理的問題呢？但不要忽略了在《論語》中存在很多關於「小人」的論述，在儒家思想中，「小人」是有藥可救的，對於盜賊而言，如果把他們全當「小人」來看，那麼他們是可以被道德道義感化而做正義的事的，更何況，盜賊中也有不少伸張正義的人，盜亦有道也就自有道理了。

（三）領導者最優秀的品格應該是什麼

美國一學者在二十五年裡做了三百五十餘個調查，最終總結出最受愛戴領導者具備的十大特質，其中誠實正直、高瞻遠矚、能激勵人心、精明能幹排在前四位，受歡迎程度均超過五成以上，如下表所示。

排序	特質	受歡迎程度	排序	特質	受歡迎程度
1	誠實正直	87%	6	善於提供支援	46%
2	高瞻遠矚	71%	7	胸襟寬廣	41%
3	能激勵人心	68%	8	才智過人	38%

4	精明能幹	58%	9	直率	34%
5	公正	49%	10	勇敢	33%

管理學大師彼得．杜拉克說：「領導者必須正直。當考察管理者是否誠信時，人們必定會非常重視他的人品是否正直。這一點必定會先在管理者的人事任用上展現出來。因為領導者正是以其正直的人品，才能夠實現其領導，建立別人效仿的榜樣。」

【案例】IBM 小沃森：正直比利潤更重要

一九五六年秋天，小沃森（Thomas Watson Jr.）收到一封來自一位年輕求職者的信。信中講到，兩位年輕人因為自己是猶太人而被人事部門拒之門外。小沃森及時調查情況，確實屬實，小沃森氣憤至極，因為這樣的行為和言論與 IBM「機會均等」的規定是不相符的。就此問題，小沃森在威廉斯堡會議上將那封求職信當場讀給與會者聽。並對在座的經理們大聲嚷道：「當我們公司內部發生這種事情的時候，你們期望我們如何在公司外面代表 IBM 呢？我不希望 IBM 說的是一套，做的卻是另一套！我希望 IBM 名副其實！」小沃森一直以這種正直來要求其下屬，事實上也正因為小沃森的雷厲風行和毫不留情，才使 IBM 的組織管理得到了很大程度的強化。

【點評】

怒拍桌子、建立威嚴，在原則面前決不妥協，也是每個領導者應有的品行。懂得什麼是原則、如何遵守原則、如何透過原則來維護組織的形象，這都是領導者的必修課。正直而不做作，威嚴而令人有所敬畏，領導者能做到這些，才會真正有領導魅力。

（四）管理聖經——《從 A 到 A+》第五級經理人的奧秘

《從 A 到 A+》研究之起源

從一九六五至一九九五年名列美國《財星》（*Fortune*）雜誌五百強排行榜上的企業中，找到了 11 家從優秀走到卓越的企業。為什麼只有 11 家企業符合所有的條件呢？主要原因有以下三個。

◎十五年來在股市上的表現優於大盤三倍。

◎連續十五年維持卓越的業績。

◎發展形態：表現平平——表現非凡——持久不墜。

《從 A 到 A+》研究活動之謎

研究過程就好比在窺視一個黑盒子，每走一步，就好像又安裝一盞燈，照亮從 A 到 A+ 過程中的內在機制，如下圖所示。

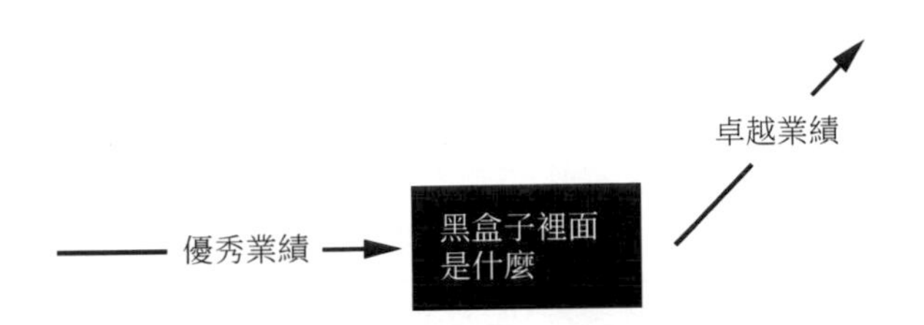

黑盒子中究竟是什麼？

經過研究人員的努力，終於解開了從A到A+的謎底，它就是「第五級經理人」。那麼第五級經理人究竟有哪些特徵呢？第五級經理人的特徵主要包括：沉默內斂，不愛出風頭，有點害羞；個性謙遜，但又表現專業；先人後事；直面殘酷的現實，但絕不失去信念；埋頭苦幹、努力不懈的個人風格。第五級經理人特徵中最吸引人的就是謙虛的個性和專業的堅持！

其實，領導者的不同之處就在於是否擁有「窗戶和鏡子的心態」。作家林清玄對窗子和鏡子作了精彩的比喻：「一個人面對外面的世界時，需要的是窗子；一個人面對自我時，需要的是鏡子。」窗子和鏡子都是玻璃做的，區別只在於鏡子多了一層薄薄的銀。但就是因為這一點銀，讓你只看到自己而看不到世界。

第五級經理人的一個顯著特點是：當成功來臨的時候，他們看著窗外；而當面臨失敗的時候，他們看著鏡子。成功時刻他們沒有忘記窗外的人群，是所有人共同的努力才讓成功成為現實；反之，在失敗的時刻，他們總是看著鏡子中的自己，反思失敗的原因，總結教訓。

【案例】謙卦的智慧

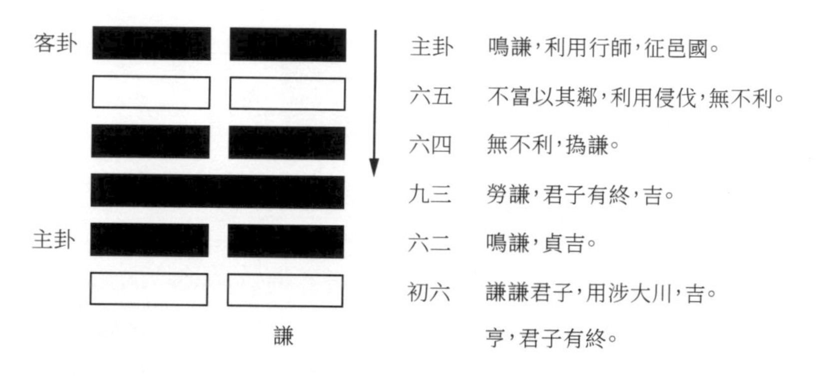

謙卦卦辭：亨，君子有終。意思為：順利，君子有好的結果。

從初六到上六卦辭的大意是：謙虛的君子，可以信賴他們去跨越大江大河，他們會圓滿完成；言語謙虛，會得到信任；做事謙虛，將有良好的結局；交往中謙虛，會贏得信任與好感；不以損害鄰居而使自己富裕，應當重用去征伐；言語謙虛，應當重用行軍打仗，征服諸侯王國。

謙，指謙讓。謙卦展示謙的形勢下各種變化的可能性。謙的人像山一樣，從不炫耀自己的秀麗，也從不掩飾自己的禿石和斷崖。主方應當靈活地採取主動，利用客方的消極被動，並且堅持一貫態度，著力讓自己變得更好。

【點評】

謙虛是一種態度，是一種品德。因謙而和諧，而高尚，而團結。領導者能夠謙虛，做到虛懷若谷，方可納江河，容萬物。

窮則獨善其身，達則兼善天下。領導力修練的最終意義在於惠及民眾、安頓百姓、富足天下。

三、「修己以安百姓」——儒家組織管理思維

【原文】

子路問政。子曰：「先之，勞之。」請益。曰：「無倦。」（《論語・子路》）

【譯文】

子路問怎樣為政。孔子說：「先要領頭先做事，帶動老百姓都勤勞地做事。」子路請求多講一點。孔子說：「永遠不要鬆懈怠惰。」

孔子的儒家思想的形成，離不開他對治國理政的思考。在儒家看來，百姓是國家的根本（民為本），是管理國家的出發點和歸宿。儒家思想的繼承者和創新者孟子提出「民為貴，社稷次之，君為輕」的觀點，修己以安百姓才是儒家思想的終極目標。

「安百姓」該由誰來主導？儒家思想給出了答案，那就是統治者自己。為什麼是統治者自己，而不是其他人呢？孟子對此有解釋，他說：「先王有不忍人之心，斯有不忍人之政矣。」意思是，統治者有意不讓民眾受苦受難，才有不忍民眾受苦受難的政治。其主要表現在節用而愛民、與民休息、理想社會三個方面。

（一）修己以安百姓——節用而愛民

百姓被稱為「衣食父母」，哪些人會這麼認為呢？賢明的君王和清廉的官員，他們深知百姓之苦，甚至他們之間很多人是從社會的最底層走到統治階層的。同時，受儒家仁愛思想的影響，不乏統治者或上層社會勤儉節約以體恤百姓的實例，當然也出現了很多為民謀福祉的能吏名臣。

節，節儉、節約的意思。節約的意識和行為的養成也是個人修練的必備選項。

【案例】隋文帝楊堅「節儉愛民，食不重肉」

在歷史上，隋文帝因其勤政、治國有方開創了隋唐盛世的偉大篇章。他登基時，年景不好，再加上南北朝末期眾多的小朝廷和割據勢力並存，以致民怨沸騰、國庫空空。一次，隋文帝出行到漢中一個村莊，他看到當地的農民把豆腐渣和雜糠作為食物，生活極其艱苦，文帝見此情景感到慚愧，他難受地說：「這都是我的錯啊！我沒能夠將國家治理好，才使百姓受苦受難，衣不遮體，食不果腹。」因此，他回到都城長安後，下詔要求朝廷各級官員著裝、食宿必須節儉。不僅要求各級官吏一切從簡，文帝還以身作則，作了三項規定以約束自己：今後吃飯不大擺宴席；不帶酒帶肉；穿普通布服。規定公示後，文帝堅持一年多不沾酒肉。

開皇十五年，揚州刺史豆盧通貢送了一匹刺有花紋的上好

細綾，隋文帝當著滿朝大臣的面，說道：「如今我們的老百姓能夠穿到粗布衣都是困難的事，你豆盧通卻讓我享用上等細綾，這樣做我如何取信於民？如果滿朝文武都效仿我穿昂貴的衣服，我們國家何時才能強盛啊？」豆盧通慚愧至極，趕忙跪地認錯。隨後，隋文帝令人當場將細綾燒毀。

【點評】

歷覽前賢國與家，成由勤儉敗由奢。衣食住行無不展現著統治者的愛民之心。與民共患難，節用愛民，就會深得民心。

【案例】宋仁宗節儉成習

宋仁宗趙禎在位期間，節儉成習。一次，宮內建議將一塊舊地改為御花園，仁宗說，先帝的御花園已經足夠大了，再修建一個又有什麼意義呢？仁宗在位期間，宮內所有的帷簾都用粗綢來製作，盡量節省成本。另外，有時仁宗夜裡餓了，也不叫膳夫做宵夜。內廷設宴，面對桌上價值一千錢的螃蟹，因為太過浪費，所以仁宗非常不高興，拒絕享用美味。

【點評】

顏回一簞食、一瓢飲，不輟其學；蘇東坡「日享三白飯」都是在講不因貧寒而放棄求知求學的優秀品格。而帝王的節儉意識是從哪裡來的呢？毫無疑問出自愛民的思想和身先士卒做表率。節儉對現代管理來說，是削減成本、提高效益的有效辦法。

（二）修己以安百姓——與民休息

「水能載舟，亦能覆舟」，舟水之喻用來表示民與統治者之間的關係，非常簡單的道理，但是做到這一點卻非常難。每個朝代的更迭、每次民間起義都在用血淋淋的事實印證著這一真理。因此，與民休息便成了統治者親民愛民、緩和統治者與百姓之間關係的方法。

【案例】先安民心最重要

隋朝經過兩世而亡，唐太宗親身經歷隋末這段亂世爭雄的年代，觸目驚心的歷史給他留下深刻的印象。唐太宗常常與隋朝統治者相比，以隋亡為鑑，審視自己的一言一行。貞觀六年，太宗與群臣在朝堂上談論治國理政之道，領悟到：「天子者，有道則人推而為主，無道則人棄而不用，誠可畏也。」魏徵接著說道：「君，舟也；人，水也。水能載舟，亦能覆舟。陛下以為可畏，誠如聖旨。」由此對話可以看出，唐太宗在位期間，為了使自己時刻保持清醒的頭腦，已將律己治國作為座右銘。

一次，房玄齡提出建議：「近來，清查兵器，發現我們現有的兵器比隋朝還少，可以考慮增加一些。」不料，太宗卻回答：「依目前情況來看，安民撫民比增加兵器來防禦外敵更為重要。隋亡，其關鍵不在於兵器不足，而在於失去民心，民怨沸騰，而國亡政息。隋亡的慘痛教訓，要切記在心啊。」這便是唐太宗領悟到的「水能載舟，亦能覆舟」的深刻含義。

【點評】

得民心者得天下，而非擁重兵者得天下。民是水，君是舟，舟隨水動，水怒舟覆。

子貢問政。子曰：「足食，足兵，民信之矣。」子貢曰：「必不得已而去，於斯三者何先？」曰：「去兵。」子貢曰：「必不得已而去，於斯二者何先？」曰：「去食。自古皆有死，民無信不立。」（《論語 · 顏淵》）

其大意為：子貢向孔子請教治理國家的辦法。孔子說：「備足糧食，充足軍備，百姓就會信任執政者了。」子貢問：「如果迫不得已要去掉一項，三項中先去掉哪一項？」孔子說：「去掉軍備。」子貢又問：「如果迫不得已還要去掉一項，在這兩項中先去掉哪一項？」孔子說：「去掉充足的食物。自古以來誰都會死，但如果沒有百姓的信任，就不能夠立足了。」

孔子的政治哲學，今天依然值得借鑑與深思。

四、義利觀 —— 儒家的經營方式

【原文】

子罕言利，與命與仁。（《論語 · 堯曰》）

【譯文】

孔子很少談財利，贊同天命，讚許仁德。

孔子很少談財論利，但他並不拒絕和反對財與利。而是主張有條件、講道義地獲取財與利，追求富與貴。

（一）「義」與「利」之本意

「義」應該如何理解呢？「義」是人的思想和行為應遵循的準則，就是人的思想活動和實際行為要符合「義」的要求。那「義」有什麼內涵呢？就是「宜」，是公正的、適宜的道德或行為，就是根據道理所適宜、合宜的準則。

《論語》中「義」是君子立身行事的原則，強調辦事處事能夠符合適宜的道理便成為「義」。另外，君子所追求的至高無上就是道義，我們用幾個成語就能夠佐證這一命題 —— 大義滅親、捨身取義。為了顧全大局，甚至可以滅親；為了成全正義，甚至可以捨棄自己的生命。「義」的地位和重要性可見一斑。

那麼「利」呢？「利」就是利益。從字的構成來看，左邊是「禾」，表示莊稼，右邊是一把「刀」。所以其含義可以解釋為收割莊稼獲利。

孔子很少就「利」與弟子進行交流，錢穆對此解釋：「利者，人所欲，啟爭端，群道之壞每由此，故子罕言。」意思是利益是每個人所想要的，能夠引起各種爭端，道義的損害大都是因為利益之爭，所以孔子很少談及利。當然，因利所引起的爭端，與儒家所提倡的「仁愛」、「和諧」觀格格不入，所以很少談及也在情理之中，但孔子不反對正當的利。正如孔子所

言：「不義而富且貴，於我如浮雲。」

（二）義利觀 —— 君子愛財取之有道

【原文】

子曰：「富與貴，是人之所欲也；不以其道得之，不處也。」（《論語．里仁》）

【譯文】

孔子說：「發財和升官，是人們所嚮往的，然而若不是用正當的方法去獲得，君子是不接受的。」

【原文】

子路問成人。子曰：「若臧武仲之知，公綽之不欲，卞莊子之勇，冉求之藝，文之以禮樂，亦可以為成人矣。」曰：「今之成人者何必然？見利思義，見危授命，久要不忘平生之言，亦可以為成人矣。」（《論語．憲問》）

【譯文】

子路問怎樣才是一個完美的人。孔子說：「假若有臧武仲的明智，孟公綽的不貪欲，卞莊子的勇敢，冉求的多才多藝，再用禮樂以增文采，也就可以成為完美的人了。」孔子說：「現在要成為完美的人何必一定要這樣要求呢？只要能做到見到財利時能想到道義，遇到國家有危難而願付出生命，長久處於窮困的境遇而不忘記平日的諾言，也就可以成為一個完美的人了。」

「義利合一」是儒家的價值觀，是物質價值和精神價值的統一。這一價值觀的源頭便是孔子所強調的「君子愛財，取之有道」。君子可以愛財，但獲得的財產和利益要符合義的要求。既有義又有利，義與利完美結合。

【案例】喬致庸經商之道：守信、講義、取利

有一年，喬家復盛油坊名下通順店從包頭運大批胡麻油往山西銷售，經手店員為貪圖厚利，竟在油中摻假。此事被掌櫃發現後，告訴喬致庸。喬致庸命通順店李掌櫃連夜寫出告示，貼遍全城，說明摻假事宜。同時，凡近期到通順店買過胡麻油的顧客，都可去店裡全額退銀子，以示賠罪之意。尚未賣出的胡麻油立即飭令另行換裝，以純淨好油運出。並以此事教育員工：「商家是要追逐利潤，但絕不做損人利己的事。」

這次胡麻油事件，雖然使商號蒙受不少損失，但因其誠實不欺，信譽昭著，喬家油成為信得過的商品，近悅遠來，生意更加興隆。

【點評】

捨義取利，必不長久。利的取得有多種方式和管道，但不能違背義的要求，否則損失的不僅僅是義，還包括誠信、名譽、聲譽，這些無形資產才是最珍貴的。領導者如何權衡義與利，將決定組織發展和成長有多持久。

【案例】「海上馬車夫」荷蘭對誠信的堅守

西元 1596 至 1598 年，荷蘭著名的船長巴倫支（Willem Barentsz），試圖找到從北邊到達亞洲的路線，卻在三文雅（現在一個俄羅斯的島嶼）被冰封的海面困住了。

三文雅地處北極圈內，巴倫支船長和十七名荷蘭水手在三文雅度過了八個月的漫長冬季。他們拆掉了船上的甲板作燃料，以便在零下四十度的嚴寒中保持體溫，他們靠打獵來取得勉強維持生存的衣服和食物。

在這樣惡劣的險境中，八個人死去了。但荷蘭商人卻做了一件令人難以想像的事情，他們絲毫未動別人委託給他們的貨物，而這些貨物中就有可以挽救他們生命的衣物和藥品。

冬去春來，倖存的商人終於把貨物幾乎完好無損地帶回了荷蘭，送到委託人手中。他們用生命作代價，守住信念，創造了傳之後世的經商法則。在當時，這樣的做法也給荷蘭商人帶來了顯而易見的好處，那就是贏得了海運貿易的世界市場。

今天，在阿姆斯特丹的荷蘭海運博物館裡每個星期天都要舉行一個特殊的活動，目的是讓孩子們藉由切身體驗來學習荷蘭的歷史。這樣的活動年復一年，哪怕只有一個孩子參加也從不間斷。教師由不同職業的志願者擔任，他們會一絲不苟地帶領孩子們重溫四百多年前荷蘭水手的生活。

荷蘭的成年人經常向孩子們說：「荷蘭之所以還是荷蘭，是因為我們的祖先照顧好了自己的生意。」

荷蘭人的祖先不僅照顧好自己的生意，實際上在距今五百多年前的十六世紀末，他們幾乎壟斷了歐洲的海運貿易。

【點評】

捨生取義，這裡所說的義，可能更多的內涵是誠信和承諾。商業中的誠信是以顧客為導向的商業倫理，守誠守信就有機會感動客戶，培育忠實客戶。無誠無信，那只能自取滅亡了。

五、中庸之道——儒家的管理哲學

儒學乃至中華文化傳統中著名的「十六字心傳」：
人心惟危，道心惟微；惟精惟一，允執厥中。

——《尚書．大禹謨》

（一）正本清源之中庸

孔子為儒家思想的開創者，其經典著作《論語》中不止一處應用中庸的思維進行表述。我們也試圖從《論語》原著中發掘中庸的奧妙。

【原文】

子曰：「中庸之為德也，甚至矣乎！民鮮久矣。」（《論語．雍也》）

【譯文】

孔子說：「中庸作為一種道德，是最高尚了！人民缺少這種道德已經很久了。」

《論語》中明確提出「中庸」一詞的地方，僅此一處。在孔子看來，中庸是一種道德，是最高尚的道德，是普通人所缺少的道德。中庸為何是「德」，而不是「道」？

「中庸之為德」：中庸是一種「德」；「德者，道之用也。」「道」是世間萬物的本源，是無形的東西；而「德」則是「道」的具體表現形式，是治國理政的思想，是行為處事的準則。因此，「中庸」源於無形，是可被普通人應用於日常生活和交際過程中的「德」。

【原文】

子貢問：「師與商也孰賢？」子曰：「師也過，商也不及。」曰：「然則師愈與？」子曰：「過猶不及。」（《論語．先進》）

【譯文】

子貢問：「顓孫師與卜商誰好一些？」孔子說：「師過分，商不夠。」子貢說：「那麼師是比較好一些嗎？」孔子說：「做過分了和做得不夠，是一樣的。」

在孔子看來，子張和子夏兩個人都是不夠優秀的，為什麼呢？因為他們做不到「中」，沒有把握好「度」，沒有做到中庸。我們都知道畫蛇添足的典故，蛇有「足」，但我們肉眼是看不到的，如果替蛇多加了「足」，與人的認知是相違背的，所以畫出來是多餘的。

【原文】

子曰：「君子和而不同，小人同而不和。」(《論語．子路》)

【譯文】

孔子說：「君子，講求和諧而不盲從附和；小人，同流合汙而不能和諧。」君子所追求的是內在的和諧統一，而非表象上的統一、一致。

【原文】

子曰：「不得中行而與之，必也狂狷乎！狂者進取，狷者有所不為也。」(《論語．子路》)

【譯文】

孔子說：「找不到言行合乎中庸之道的人交往，那一定是要與狂者和狷者交往了。狂者有進取心，敢作敢為；狷者拘謹，潔身自好，絕不肯做壞事。」

【原文】

子曰：「《關雎》樂而不淫，哀而不傷。」(《論語．八佾》)

【譯文】

孔子說：「《關雎》的主題表現了快樂，而不放蕩；憂傷，而不悲傷。」

【原文】

子張問崇德辨惑。子曰：「主忠信，徙義，崇德也。愛之欲其生，惡之欲其死。既欲其生，又欲其死，是惑也。『誠不以富，亦只以異』。」（《論語．顏淵》）

【譯文】

子張問怎樣提高品德，辨別迷惑。孔子說：「以忠誠信實為主，努力做到義，就是提高品德。喜愛一個人就希望他永遠活著，厭惡起來又恨不得讓他馬上死去，既要他活，又要他死，這就是迷惑。《詩經》上說：『確實不是因為富不富，而只是因為見異思遷。』」

【原文】

或曰：「以德報怨，何如？」子曰：「何以報德？以直報怨，以德報德。」（《論語．憲問》）

【譯文】

有人說：「用恩德來報答仇怨，如何呢？」孔子說：「那麼用什麼來報答恩德呢？應該是以公平無私來對待仇怨，用恩德來報答恩德。」

要常存感恩之心。恩德應該以恩德來還報。以德報德容易理解，那「以直報怨」是什麼意思呢？是以符合正道的通用的方法來報怨。俗話叫「看著辦」。

「中庸」可以簡單概括為：中就是不走極端，庸就是言行不誇張。不走極端，言行不誇張，也是普通人思考和行事的準則。

何為「中」？不走極端。做事、為人，太簡樸不好，太過於浮華也不好；太隨和不好，剛愎自用也不好；做不到不好，做得太過頭也不好。中庸追求的是不偏不倚，恰如其分。

【案例】孟子論四大聖賢以「辨」中庸

孟子稱商朝名相伊尹、殷商遺民伯夷、「和聖」柳下惠和孔子為「人倫之至」，意思是說他們有最優秀、最高尚的品行和道德操守。而其中，孟子覺得伊尹和孔子是最值得被學習的榜樣，因為他們不走極端，能做到識時務。而伯夷和柳下惠兩位聖人的行為卻是走極端的典範，不值得推崇。為什麼呢？

周武王伐紂時，伯夷極力反對，他認為周作為臣子不應該討伐犯上。但周武王沒有聽他的話，一舉消滅了殷紂王。於是伯夷便躲進了首陽山，寧願餓死也不吃周朝的米。然而一天，首陽山來了一個人，跟伯夷辯論道：「普天之下，莫非王土，你現在吃的米和首陽山上的野菜，也屬於周朝，不是嗎？」結果，伯夷羞愧至極，最後絕食而死。

柳下惠恰恰與伯夷相反，他覺得君王是君王，臣子是臣子，品行再惡劣、道德再低下的他人，也不會影響自己的品行。君王即使昏庸暴虐，他也願意去做官，即便是做小官，也不會感到恥辱和卑微；與品德低下的人在一起，他也不會反感，而會開心地接受他們。

【點評】

一個過分清高，一個太過隨和，這都屬於走了極端，太過於偏執。中庸所講的「中」要求既不過頭，也不致於不實際。孔子說：「以直報怨，以德報德。」

伊尹和孔子的高尚之處就在於可以「看著辦」。伊尹說，無論領導者品德高尚與否，不管下屬品行如何，都沒關係；最關鍵的不在於別人怎麼樣，而在於你自己的品行。負責任的人，可以在任何領導者手下工作，也可以領導所有的下屬。孔子周遊列國，親身經歷了各國的禮遇、排擠和猜忌，他覺得視情況而定，該走就走，該隱居就隱居，該做官就做官，沒有一定的規矩，都是根據實際情況而定，該怎麼辦就怎麼辦。這就是「庸」的深意，以德報怨太過於做作，根據實際情況來決定如何做更貼近實際。這樣一來，普通人也是可以理解，可以做到的。所以中庸也是常人之道。

另外，生活中對中庸的誤解比比皆是。例如很多人認為中庸就是沒有原則、做老好人、風往哪吹就往哪倒，但真正明白中庸內涵的人，就會對這種看法說「不」。

「君子周而不比，小人比而不周」，說的是品德高尚的人懂得精誠團結、和衷共濟，而戚戚小人則選擇相互勾結。孔子這句名言中，暗含著深意，那就是君子處事有必然的準則，而小人則是不講原則地勾結。顯然，中庸作為一種高尚的道德，也是君子做事的原則。同時，孔子對老好人也是非常痛恨的，老好人就像稻田裡的稗草，看似像稻子卻又不是稻子，有時候還會影響稻穀的生長。最後，孔子在與季康子談論盜賊猖獗的事情時，說如果執政當朝的人不貪心，不斂財擾民的話，即使你們去獎勵那些盜賊的偷盜行為，也不會有人去偷盜。偷盜的原因在於執政者，而不在於盜賊。直言真理，不避權威，中庸的思想並不是主張和光同塵、牆頭草，更不是沒有原則。

朱熹之中庸觀

朱熹在前人的研究基礎上，對中庸思想增添了一些新東西，主要展現在《中庸章句》一書中。

朱熹中庸觀之一：平常之意中者，不偏不倚、無過不及之名。

庸，平常也。朱熹強調「中庸」就是「平常」。反對把「高明」與「中庸」二者分離開來，片面地講「高明」，是宣導「行遠自邇，登高自卑」的境界。

朱熹中庸觀之二：致中和。

「致中和」就能達到「靜而無一息之不中」而「吾心正」，「動而無一事之不和」，而「吾氣順」，因而能夠掌握「天下之大本」、「天下之大道」。在此基礎上，經由「裁成天地之道，輔相天地之宜」，就可以達到「天地位」、「萬物育」。

朱熹中庸觀之三：中即誠。

朱熹在《中庸章句》中將《中庸》重新整合歸納，認為《中庸》的前半部主要闡述的是「中庸」，即「中即誠」；後半部重點在闡述「誠」，認為「誠」是《中庸》的樞紐，經由「誠」才能達到中庸。

梁啟超之中庸觀：

近代思想家梁啟超對中庸智慧也有獨到的見解。

梁啟超說：「獨立者何？不依賴他力，而常昂然獨往獨來於世界者。」、「合群之力愈堅而大者，愈能占優勝權於世界上。」意思是：什麼叫獨立？也即不需要借助和依賴自身以外的力量的支持。合作使自己變得愈發強大，才能夠在世界占有一席之地。

梁啟超說：「故善能利己者，必先利其群，而後己之利亦從而進焉。」、「故真能愛己者，不得不推此心以愛家愛國，不得不推此心愛家愛國人，於是乎愛他人之義生焉。」

這是梁啟超闡述「獨立與合群」、「利己與愛他」之關係。

（二）中庸之現代智慧

中庸之生活觀——健康管理

健康管理中庸與我們的生活有沒有關係，關係多大，關聯處在哪裡？

中庸的智慧在我們現代人的生活中處處可見，在養生、工作、理財、管理、人際交往等方面，在處理人與人、人與社會、人與自然的關係中，都能展現出中庸智慧。

第一，飲食無過無不及才能健康。拿飲食中的量來說，網路上流傳著最高境界的愛吃鬼是「到餐廳，扶著牆進去，扶著牆出來」。為什麼呢？好幾天沒吃飯了，進餐廳的時候已經無力走路了，只能扶牆進去。接著就無度亂吃，吃到要吐才準備離開，卻發現雙腿不聽使喚了，只能勉強扶牆出了餐廳。這個帶著諷刺性的說法，隱含著兩層意思：一是進食不規律，二是飲食無度。這是現代人多病的重要原因。

營養均衡、鹹淡適宜、適當進補則是飲食需要掌握的幾個重點。例如，我們吃的碘鹽，不吃或吃的量不夠就會使甲狀腺機能異常，吃多了也會有問題，因此需要視不同地區、不同人群而適量攝入碘，這就是中庸的理念。

第二，關於中庸養生。常言道：「誰擁有快樂，誰就擁有健康。」養心與養生的關係大概如此，養身之前要先養心，只有養好心，心情順暢，每天都有好心情，才能好好地養身。養心做到心理健康、心理平衡，心理健康了，人體的經脈、免疫系統的活力就會增強，有利於抵抗疾病。

心理健康，就是要想得開，牢騷太盛防腸斷，凡事都太過在意，斤斤計較太過強求，往往適得其反。但也不提倡什麼都

不在意的想法，對任何事情都無所謂、太過於馬虎，凡事不堅持、不檢點，時間長了往往會出現很多問題。

第三，關於中庸運動。要堅持適量適宜的運動，吸收天地所賜予的空氣、水、陽光，選擇適合的鍛練時間和方式，保持適度的運動量，這才能健康起來。

中庸之人生觀

在儒學中，人生價值的問題占據著非常重要的位置，「欲」通常被用來表示「某人」的生理需要，對人生價值的肯定、評價和追求，則用「貴」、「尚」、「大」來表示。儒家中庸價值觀最突出的三個特點是：重生而不輕物、重人而不輕己、重義而不輕利。兼顧而不偏不倚，都具有正面、積極的意義。

中庸智慧之現代啟示是：鼓勵自我實現，激發自身的潛能，實現自我價值，超越自我。在哪裡才能實現自我的價值呢？在社會的實踐中，離開社會我們將無所適從。只有社會價值和自我價值同時實現才能將價值最大化。

中庸的交友標準和待友之道：儒家思想並不主張結交富豪及有權勢的人，孔子的交友標準是「貧而樂」、「一簞食，一瓢飲，在陋巷，人不堪其憂，回也不改其樂。賢哉回也！」窮而有志。距離產生美，這一句普通人都在說都在用的話，蘊含著儒家待人接物的中庸人生觀，距離可長可短，適度便好；不能靠太近，會厭煩；不能離太遠，異地他鄉容易生變。

【案例】卞夫人如何挑首飾

西元二一九年，曹操封卞夫人為王后。曹操外出都會帶回精美的珠寶首飾給他的妻妾，卞夫人作為王后有權第一個進行挑選，但卞夫人每次只選取幾副相較之下算普通的首飾，而不選最好的。曹操感到非常疑惑，便問她為什麼只挑選中等的首飾，卞夫人說：「取其上者為貪，取其下者為偽，故取其中者。」就是說，拿最好的是貪婪，拿最差的顯得虛偽，所以我就取一個中等的吧。

【點評】

不求最好，不得最差，中等就好。拒絕貪婪，拋棄虛偽，卞夫人識大體、會做人。中庸之人生智慧無處不在。

領導者對功過、義利、是非、得失的取捨，也可以在這裡領悟一番。

（三）中庸的領導智慧

中庸哲學思想對領導力修練的啟迪

中庸之道，究竟有那些值得我們現代管理有借鑑？對領導力的修練有什麼啟示呢？《中庸》中記載了治理天下的九條原則，簡稱為「九經」，對我們體悟管理的智慧有非常大的幫助。

修身，是領導之道的起點。「修身則道立」，正確的道路

來自修身。尊賢，是獲得人才的根本。「尊賢則不惑」，賢才是成就大事業的基礎。縱觀歷史變換、大國成敗興衰，一切競爭的核心無不在人才上。

親愛之心，是和睦相處的法寶。親愛親人，以此之心，足可團結一切可以團結的人。敬大臣，是穩定團體核心的方法。比起物質激勵，對團體核心成員更重要的法寶叫尊敬。

體群臣，是凝聚人心的法則。體恤員工，才能尊重員工，人同此心、情同此理、換位思考，常常站在對方角度想問題，就更能凝聚起眾人。

子庶民，是獲得擁戴的基石。「子庶民」，像對待子女一樣對待百姓、他人，有此之心並踐行此心，大業可成。像德蕾莎修女（Mater Teresia）就是楷模。

來百工，是組織發展的源泉。組織需要不同人才，才會不斷發展壯大。柔遠人，是柔性外交的策略。「柔遠人，四方歸之」、「送往迎來，嘉善而矜不能，所以柔遠人也」。優待遠方來的，嘉獎才能突出者，同情並幫助能力不足者，既是團隊發展之道，也是人際處理之道，更是外交策略。

懷諸侯，是基業長久的要訣。「懷諸侯則天下畏之」，團隊內外四方「諸侯」得到有效安撫、懷柔，「諸侯」就少生變，團隊才穩定，基業才長久。「懷諸侯」可正確地處理總公司、分公司、子公司之間的關係，聚集力量共謀發展。

《禮記．中庸》：「喜怒哀樂之未發，謂之中；發而皆中節，謂之和。中也者，天下之大本也；和也者，天下之達道也。致中和，天地位焉，萬物育焉。」

人都有喜怒哀樂的狀態，如果喜怒哀樂沒有全部表現出來，就叫作「中」；如果表現得有度而不過分，便叫作「和」。「中」，是世人皆有的本性；「和」，是世人必須遵循的最高原則。能夠達到「中和」的境界，天地萬物便各在其位、各司其職，順勢孕育和成長。

中和是天下的根本，是中庸之道的主要內涵。「中和」由「中」、「和」共同構成，兩者都是非常有效的工作方法。「天人和諧」、「政通人和」、「敦親睦鄰」、「和以處眾」、「以和為貴」，都含有方法論的內容。儒家認為能做到「致中和」，則天地萬物均能各得其所，達到和諧境界。所以，「中和」思想也被認為是認識和處理人與自然、人與社會、人與人的最高標準。

【案例】金庸如何面對猛烈攻擊？

中國一份報紙刊出了王姓作家寫的〈我看金庸〉，內容對金庸的小說進行強烈、偏激、嚴厲的批評與指責，斥責金庸小說是低俗一流，看都看不下去云云，金庸面對這篇文章，做出了精采的回覆：

接奉傳真來函以及貴報近日所刊有關稿件，承關注，及感，茲奉專文請指教：

1. 王先生發表〈我看金庸〉一文，是對我小說的第一篇猛烈攻擊。我第一個反應是佛家的教導：必須「八風不動」，佛家的所謂「八風」，指利、衰、毀、譽、稱、譏、苦、樂，四順四逆一共八件事，順利成功是利，失敗是衰，別人背後誹謗是毀，背後讚美是譽，當面讚美是稱，當面詈罵攻擊是譏，痛苦是苦，快樂是樂。佛家教導說，應當修養到遇八風中任何一風時情緒都不為所動，這是很高的修養，我當然做不到。隨即想到孟子的兩句話：「有不虞之譽，有求全之毀。」、「人之易其言也，無責耳矣。」（有時會得到意料不到的讚揚，有時會遭到過於苛求的詆毀，那是人生中的常事，不足為奇。「人們隨隨便便，那是他的品格、個性，不必重視，不值得去責備他。」這是俞曲園的解釋，近代人認為解得勝過朱熹。）我寫小說之後，有過不虞之譽，例如北師大王一川教授他們編《二十世紀小說選》，把我名列第四，那是我萬萬不敢當的。又如嚴家炎教授在北京大學中文系開講《金庸小說研究》，以及美國科羅拉多大學舉行《金庸小說與二十世紀中國文學》的國際會議，都令我感到汗顏。王先生的批評，或許要求得太多了些，是我能力所做不到的，限於才力，那是無可奈何的了。
2. 「四大俗」之稱，聞之深自慚愧。香港歌星四大天王、成龍先生、瓊瑤女士，我都認識，不意居然與之並列。不稱之為「四大寇」或「四大毒」，王先生已是筆下留情。

3. 我與王先生從未見過面。將來如到北京耽一段時間，希望能透過朋友介紹而和他相識。幾年前在北京大學進行一次學術演講（講《中國文學》）時，有一位同學提問：「金庸先生，你對王先生小說的評價怎樣？」我回答說：「王先生的小說我看過的不多，我覺得他行文和小說中的對話風趣幽默，反映了一部分大都市中青年的心理和苦悶。」我的評價是正面的。
4. 王先生說他買了一部七冊的《天龍八部》，只看了一冊就看不下去了。香港版、臺灣版和中國三聯書店版的《天龍八部》都只有五冊本一種，不知他買的七冊本是什麼地方出版的。

我很感謝許多讀者對我小說的喜愛與熱情。他們已經待我太好了，也就是說，上天已經待我太好了。既然享受了這麼多幸福，偶然給人罵幾句，命中該有，不會不開心的。

【點評】

金庸不愧是大俠。以不溫不火之「中庸」大筆，輕輕鬆鬆地應對王先生的猛烈攻擊之劍。既心平氣和地與對方做了交流，又綿裡藏針地闡述了自己的觀點。二人為人之境界高下立判。

「中道」思維與領導力

從追本溯源的角度，在孔子那裡，中庸是一個哲學範疇，是貫穿其學說的核心。究其本質，是主張從全域出發，尤其是要照察矛盾的雙方或多方，既注意其對立性又不忘其統一性，避免因走極端而犯過猶不及的錯誤，從而全面地觀察、分析、思考和解決問題。

【案例】美國總統杜魯門的「中道」思維

一九四五年九月二日，同盟國代表接受日本無條件投降的簽字儀式，在停泊於日本東京灣的美國戰艦密蘇里號（USS Missouri BB-63）上舉行。

這個關係到世界大戰結局的受降式，為什麼選擇在一艘軍艦上舉行？原因在於圍繞受降儀式地點問題，以麥克阿瑟（Douglas MacArthur）陸軍上將為代表的美國陸軍和以尼米茲（Chester William Nimitz, Sr.）海軍上將為代表的美國海軍之間，曾有過一場激烈的「榮譽爭奪戰」。

一九四五年八月十五日，日本正式投降，美國總統杜魯門（Harry S. Truman）發布命令，任命麥克阿瑟為遠東盟軍最高司令，並授權由他安排這次受降儀式。美國太平洋艦隊司令尼米茲將軍對此憤憤不平：「太平洋艦隊在整個太平洋戰爭中扮演了十分重要的角色。如今在凱歌高奏中卻讓麥克阿瑟打頭陣，豈不讓海軍將士心寒。」

尼米茲當即向美國政府表示，如果政府不能以適當的形式在受降儀式上展現海軍的戰略地位和作用，他將拒絕出席受降儀式。

這時，海軍部長福里斯特爾（James Forrestal）給杜魯門出了一個主意：由麥克阿瑟主持簽字儀式，並以盟軍最高指揮官的身分代表同盟國簽字，而尼米茲代表美國簽字，受降儀式在美國海軍第三艦隊旗艦密蘇里號戰艦上舉行。

「密蘇里」號是以杜魯門總統家鄉名字命名的美國最大戰艦之一，曾參與過太平洋戰爭的諸多重大戰役，立下過赫赫戰功。建議一提出，立即得到總統的讚許。

按美軍的規定，軍艦上只能懸掛最高指揮官的旗幟，但麥克阿瑟與尼米茲兩人軍銜相同。相關人員煞費苦心，終於找到了一個解決辦法。「密蘇里」號戰艦的主桅杆上，一紅一藍兩面將旗並排懸掛，紅旗代表麥克阿瑟，藍旗代表尼米茲。

【點評】

權衡之間，如何顧全大局？強勢而不計較，有原則而不顧此失彼。亞里斯多德說：「中庸是最高的善和極端的美。」他的論述極為精彩：「過分的勇敢是魯莽，過分的膽小是怯懦，只有兩者之間是中道，才是勇敢。過度不肯花錢是吝嗇，過分花錢是揮霍，只有兩者之間是慷慨。」

事實上，人們普遍推崇不極端的中庸藝術；中庸乃道德之原則性，而非無原則的「老好人」；中庸之平衡、均衡思維，乃管理的重要理念與領導之至高藝術。

中庸之道就是：堅持但不固執，城府但不圓滑；自強但不獨鬥，正直但不清高；果斷但不莽撞，善良但不懦弱；相容但要超越，施威不忘施恩。

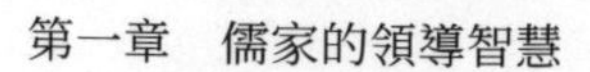

第二章　道家的管理智慧

道家提倡「無為而治」、「有無相生」、「道法自然」。「無為」是「道」的表現方式，是道家管理智慧的突出特色。「無為」是順應客觀規律，無為而無不為，上無為而下有為。「無為」是無私少欲，居下守賤，不自我誇耀，不自以為是。「無為」是遵循自然規律，與自然和諧相處。

一、老子其人

老子（約西元前五七一年至四七一年），姓李，名耳，字聃，楚國人。春秋時期重要的思想家，道家學派創始人。據司馬遷在《史記·老子韓非列傳》中的記載，孔子在拜見老子後，告訴他的弟子們說：老子像一條龍！（「吾今日見老子，其猶如龍邪！」）莊子對老子的思想最欽服、推崇，認為老子是「古之博大真人」。

中國哲學之祖：老子

哲學思維自古就有，但能夠讓哲學思維顯化，並被世世代代學習和弘揚的關鍵人物，就不得不提老子了。王國維如是說：「真正之哲學，不可云不始於老子也。」王國維非常明確地承認老子在中國哲學史上的創始人地位及其思想的深遠影響。史學家范文瀾寫道：「古代哲學家中老子確實是傑出的，無與倫比的偉大哲學家。」

治世良方：《道德經》

魏源在《老子義本》中曾說：「《老子》，救世之書也。故首二章統言宗旨。此遂以太古之治，矯末世之弊。」章太炎在〈老子政治思想概論序〉中這樣說：「老子如大醫，遍列方劑，寒熱、攻守雜陳而不相害，用之者因其材性，與其時之所宜，終究是不能盡取也。」

老子所著《道德經》篇幅雖短，但影響深遠。

老子與世界

《道德經》最早於唐代由玄奘法師與道士成玄英等譯為梵文，傳入印度等國家。西元一七八八年，一位天主教傳教士將《道德經》帶到英國，並陸續將其翻譯成多種文本。尼采、黑格爾、羅素等哲學家都曾高度評價老子思想的哲學價值。甚至在美國前總統雷根的《國情咨文》中也引用了老子「治大國若烹小鮮」的名句。

二、在恍惚中感受老子的哲學思想

《道德經》是中國哲學的經典，是用詩的語言寫就的五千言哲學著作，極其精練地闡述了宇宙、人生、事業中深藏的玄妙之道、規律、原則、方法、智慧等。

《道德經》是老子及道家思想最為重要的經典，其出「道經」與「德經」兩部分組成。就其核心內容，老子提出「道」作為天地萬物的本源。「道」不依賴於人們的主觀意識而客觀存在，叫作「自然」。「德」則是萬物展現「道」的自然本性和表現，即是「無為」。

「德」的核心是無心、無欲、柔軟、謙虛、柔弱、質樸、節制。這樣只要能持之以恆地修練，那麼在任何艱難困苦的條件下，人都能堅韌不拔地活下去。對人類來說，「道」是人類活動的最高原則，人類共同遵循的規範；而「德」則是人類展現最高原則規範的本性。

那麼，企業家在《道德經》中應該學到些什麼呢，應該領悟到哪些關鍵哲理或智慧呢？能夠領悟到，並使致虛守靜、滌除玄覽、禍福倚伏等灌溉心田，那麼人的生活必定成功；能夠踐行，並將無為而治、有無相生、自然而然、治大國若烹小鮮等道理搬至企業管理演繹，那麼人生偉業也必定成功。

（一）老子的宇宙觀

【原文】

「道生一，一生二，二生三，三生萬物。」（《道德經．第四十二章》）

【譯文】

道是獨一無二的，道本身包含陰陽二氣，陰陽二氣相交而形成一種適勻的狀態，萬物在這種狀態中產生。

【原文】

有無之相生也，難易之相成也，長短之相形也，高下之相盈也，音聲之相和也，先後之相隨，恆也。（《道德經．第二章》）

【譯文】

有和無互相轉化，難和易互相形成，長和短互相顯現，高和下互相充實，音與聲互相諧和，前和後互相接隨，這些是永恆的。

宇宙的豐富多彩源自於「道」；萬物相合相承，不離「道」。

（二）老子的價值觀

【原文】

反者道之動，弱者道之用。天下萬物生於有，有生於無。（《道德經．第四十章》）

【譯文】

循環往復的運動變化，是道的運動，道的作用是微妙、柔弱的。天下的萬物產生於看得見的有形質，有形質又產生於不可見的無形質。

【原文】

有物混成，先天地生。寂兮寥兮，獨立不改，周行而不殆，可以為天下母。吾不知其名，字之曰道，強為之名曰大（《道德經．第二十五章》）

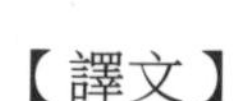

【譯文】

有一個東西混然而成，在天地形成以前就已經存在。聽不到它的聲音也看不見它的形體，寂靜而空虛，不依靠任何外力而獨立長存永不停息，循環運行而永不衰竭，可以作為萬物的根本。我不知道它的名字，所以勉強把它叫作「道」，再勉強為它取個名字叫作「大」。

【原文】

孔德之容，惟道是從。（《道德經．第二十一章》）

【譯文】

大德的形態，是由道決定的。

《道德經》中老子的價值觀可以概括為「無」、「道」、「德」。宇宙尚未形成，萬物自然不會存在，便是「無」；天地初開，萬物孕育，稱之為「有」。「道」則是宇宙萬物的本源，是萬事萬物遵循的法則和規律，「德」是「道」的展現，應服從於「道」的根本。

（三）老子的政治觀

【原文】

不尚賢，使民不爭；不貴難得之貨，使民不為盜；不見可欲，使民不亂。是以聖人之治也，虛其心，實其腹，弱其志，強其骨，恆使民無知、無欲也。使夫知不敢弗為而已，則無不治矣。（《道德經．第三章》）

【譯文】

不推崇有才德的人，使老百姓不互相爭奪；不珍愛難得的財物，使老百姓不去偷竊；不炫耀足以引起貪心的事物，使民心不被迷亂。因此，聖人的治理原則是：排空百姓的心機，填飽百姓的肚腹，減弱百姓的競爭意圖，增強百姓的筋骨體魄，經常使老百姓沒有智巧，沒有欲望。讓那些有才智的人也不敢妄為造事。聖人按照「無為」的原則去做，辦事順應自然，那麼，天下就不會不太平了。

【原文】

古之善為士者不武，善戰者不怒，善勝敵者不爭，善用仁者為下。是謂不爭之德，是以用人之力，是謂配天古之極。（《道德經．第六十八章》）

【譯文】

善於帶兵打仗的將帥，不逞其勇武；善於打仗的人，不輕易激怒；善於勝敵的人，不與敵人正面衝突；善於用人的人，對人表示謙下。這叫作不與人爭的品德，這叫作運用別人的能力，這叫作符合自然的道理。

老子在《道德經》中闡述了治國思路和方法，由兩個方面組成：一方面是「無為而治」，另一方面是「善為下」。有無相生，無為而無不為；上善若水，處下而居上位。簡短而富有哲理的警句，成為了數千年來智慧之士行為處事的基調。

三、道家與領導力

（一）無為而治——領導的核心哲學

【原文】

是以聖人居無為之事，行不言之教，萬物作而弗始也，為而弗志也，成功而弗居也。夫唯弗居，是以弗去。（《道德經．第二章》）

【譯文】

因此聖人用無為的觀點對待世事，用不言的方式施行教化：聽任萬物自然興起而不為其創始，有所施為，但不加自己的私心，功成業就而不自居。正由於不居功，就無所謂失去。

【原文】

故聖人云：「我無為，而民自化；我好靜，而民自正；我無事，而民自富；我無欲，而民自樸。」（《道德經．第五十七章》）

【譯文】

所以有道的聖人說，我無為，人民就自我化育；我好靜，人民就自然富足；我無欲，而人民就自然淳樸。

老子認為「無」和「空」才是有用的，「無」就是最大的「有」。「無為」正是有所作為，所以說「無為而無不為」。如果人人按照「無為」的準則做人，國家按照「無為」的準則

去治理，這樣一切事情就能辦理得很好了。老子一再告誡，如果違反了「無為而治」的原則，就會引起人民的變亂，以致無法維持和鞏固自己的統治。

「無為而治」是古代思想家、政治家對社會現實和執政理念的哲學性概括，是一種高超的思維藝術，不僅反映出了古代聖人、文人的卓越的政治智慧，而且也能啟迪我們現在的領導者。「無為」是一種智慧，是豁達的心態，是從容的信心。

晉朝陶潛任彭澤縣令，「不為五斗米折腰」，授印去職歸隱田園，躬耕自資。不為名利所累，不因繁華迷惑，這便是道家思想中所追求的自由生活。「無為」更是一種治國理政的良方，文景之治、光武中興、貞觀之治這幾段封建王朝的繁榮景象，無不跟休養生息的治國策略有關。宮內簡樸拒絕奢侈，與民修養、輕徭薄賦、減少大型土木工程的建設，無為而百姓安居樂業，國力日益強盛。實際管理中，策略與企業發展息息相關，高屋建瓴的策略管理在於方向的引導，而事無鉅細的策略管理則重在執行。領導者的角色在於應做好運籌帷幄的整況大局：下屬該如何執行？應該在制度的引導下，讓下屬自由發揮自己的能力。

我們所說的「無為」，並不是完全無所作為，而是強調順應自然的發展、尊重事物的成長規律，不妄為，不做違反自然之事，不以主觀的意志、欲望去控制自然的發展。

順性無為的管理原則

【原文】

道生之，德畜之，長之育之，亭之毒之，養之覆之。生而不有，為而不恃，長而不宰，是謂玄德。（《道德經．第五十一章》）

【譯文】

道生長萬物，德養育萬物，使萬物生長發展，成熟結果，使其受到撫養、保護。生長萬物而不據為己有，撫育萬物而不自恃有功，導引萬物而不主宰，這就是奧妙玄遠的德。

在老子看來，「道」是天地間萬物的總規律，且內涵著「道」支配下，物質之間相互配合、相生相剋的現象。人的生成則被賦予了清淨無欲的本性，而且人性的蓄養主要是以「德」來展現的。因此，老子所推崇的「無為」首先應該是尊崇「道」的規律以及順應人本性的順性無為。治理大國好比煎小魚一樣，不能常去攪動它，而是要依據規律，使用巧力，在適當時間、適當地點，以適當方式促使其變化。

【案例】米芾以「無為」治理「無為軍」

米芾（西元一〇五一至一一〇七年），北宋書法家、畫家、書畫理論家。天資高邁、人物蕭散，世號米顛。書畫自成一家，精於鑑別、善詩、工書法；擅篆、隸、楷、行、草等書

體，長於臨摹古人書法，幾可亂真。

米芾年已五十有三，朝廷授封（實為「貶謫」）其為無為知軍。「無為」是宋朝在現在安徽設置的一個縣，「軍」在宋代是一種行政建制，而並非軍事單位，相當於州、府。「無為知軍」則是無為軍（縣）的地方軍隊和民政事務的管理者。「無為在淮右，地最僻」，剛到交通不便、村野散落的無為軍，米芾心情很不舒暢。但已然知天命的他調整了自己糟糕的心態，發現已上了年歲的自己，在無為這樣的地方更能夠更好地自我排遣，以恬淡無為、包容的心境來接人待物。

米芾在任期間，面對朝廷沉重的賦稅壓力以及百姓苦不堪言的生活，他將知軍府中的大小事務交由好友薛樂道處理。他自己則順應民意，每到春耕之前，便率領所轄官員親耕官田，以示農務的重要，祈求風調雨順；春夏之交，則視察播種情況。「麥熟梅子黃」時節，便催促農民邊收割稻子，邊放水犁田插秧；秋季，登樓觀察各種莊稼長勢和收成。經過辛勞的經營，無為軍連年大豐收，一穗九岐，長勢喜人。同時，米芾因地制宜提倡漁業，利用無為軍河溪港汊縱橫交織的優勢，開春在塘裡投放、培養魚苗，待時節到時便開始捕撈。因此，無為也成了遠近聞名的魚米之鄉。

在無為軍，米芾「與民無擾，與物無競」、「清風灝氣，至今襲人」。

【點評】

管得少才能管得好。領導者的主要任務是做好決策。「無為」不是什麼都不做，而是順道、順性、順勢而為。如何去理解「道」、「性」、「勢」才是最重要的，尊重自然規律，尊重人類繁衍生息的規則，借助事物發展的方向性，不亂來，不違背客觀性。

領導者該如何順性而為呢？首先要知道合理的「性」，企業的成長和發展的價值在於為人類社會創造價值，那麼企業所生產的產品是否是客戶需要的，是否對客戶有益處，是否符合客戶發展的需要，這是企業發展的基礎。順性而為的領導者是社會良性發展的助推者。

【案例】貝爾實驗室無為而治出成果

著名的貝爾實驗室（Nokia Bell Labs），總部位於美國紐澤西州的莫瑞山（Murray Hill, New Jersey），這是一個不斷創造奇蹟的地方。電晶體、雷射器、太陽能電池、第一顆通信衛星、有聲電影等都是貝爾實驗室給人類帶來的傑作。八十五年間近三萬項專利，十一位科學家問鼎七項諾貝爾物理學獎，更有九項美國國家科學獎、八項美國國家科技獎等頂級科技獎項被收入囊中。

在貝爾實驗室，所謂的上下級的隸屬關係不明顯，人與人之間更接近於平等的同事關係。在這裡，上級對下級的管理會

被視為無知的干涉，有所限制的科技探索被認為會打壓科學精神。「總裁的作用主要是支持大家工作，充分發揮大家的能力。他們成為管理者之後，更多的時間是在為機構爭取利益，排除來自四面八方的干擾。」

在考核方面，太多的固定指標並不存在，對面世的科學研究成果進行評定的也正是治院的專家，具有權威性和代表性。貝爾實驗室院士畢奇介紹：「更自由的事情就是，在這裡允許長期不出任何成績，而且沒有被解雇的危險。」

當然，能夠集聚到貝爾實驗室從事理想研究的人，皆非等閒。在某一領域內的領導地位，自我工作的動力，對未來工作的想法，三者能夠兼具才有可能獲得貝爾實驗室大門通行證。

【點評】

沒有等級森嚴帶來的壓力，只有符合科學家創新的自由，正是這種自由的創作和發明的氛圍才鑄就了貝爾實驗室的傳奇。「無為」所創造出來的氛圍，更能激發個體的潛能和活力，更能以多元的形式實現科學與團隊精神，進行有效合作。

無為無不為的制度設計

【原文】

> 為學日益，為道日損，損之又損，以至於無為。無為而無不為，取天下常以無事；及其有事，不足以取天下。（《道德經．第四十八章》）

> 求學的人，其情欲文飾一天比一天增加；求道的人，其情欲文飾則一天比一天減少。減少又減少，到最後以至於「無為」的境地。如果能夠做到無為，即不妄為，則任何事情都可以有所作為。治理國家的人，要經常以不騷擾人民為治國之本，如果經常以繁苛之政擾害民眾，那就不配治理國家了。

「無為」並非不為，而是不妄為、不亂來、不違背規則行事。「無為」本是一種方法、一種措施，它的宗旨在於順應萬物的發展規律，以期促使其健康成長。就像《論語》中說的：「自己不做什麼事情而使得天下太平的人，大概只有舜了，他做了什麼呢？他只是莊重地端坐在他的王位上罷了。」

【案例】英國政府運送犯人到澳洲的制度設計

十八世紀末，英國原始資本主義「貧富兩極分化」的弊端越來越突出。一些貧民甚至成為到處流浪的「流民」。其中有些「流民」以一些極端方式報復社會，最後被政府抓起來，變成了犯人。為了懲罰這些犯人，英國政府決定把他們發配到澳洲去。

從英國到澳洲，遙遙千萬里。英國政府為了方便省事，便把運送這些犯人的工作「外包」給私人商業船隻，由一些私人船主承攬從英國往澳洲大規模運送犯人的工作。

剛開始，英國政府在船隻離岸前，按上船的犯人人數支付船主運送費用，船長則負責途中犯人的日常生活，負責把犯人

安全地運送到澳洲。當時，那些運送犯人的船隻大多是由一些破舊貨船改裝的，船上設備簡陋，也沒有多少醫療藥品，更沒有醫生。船主為了牟取暴利，盡可能地多裝人，致使船倉擁擠不堪，空氣渾濁。私人船主在船隻離岸前就按人數拿到了錢，對這些犯人能否遠涉重洋活著到達澳洲並不上心。有些船主為了降低費用，追逐暴利，千方百計虐待犯人，甚至故意斷水斷食。

幾年後，英國政府驚訝地發現，運往澳洲的犯人在船上的平均死亡率高達百分之十二，其中有一艘船運送四百二十四個犯人，中途死亡一百五十八個，死亡率高達三成七。

鑑於犯人的高死亡率，英國政府決定向每艘運送船隻派一個政府官員，以監督船長的運送行為，並給隨行官員配備了當時最先進的勃朗寧手槍。同時，還對犯人在船上的生活標準做了強制規定，甚至還給每艘船隻配備了一個醫生。上述措施實施的初期，船主的虐待行為受到了遏制，政府官員的監督好像有效。但是，事情很快就發生了變化。長時間遠洋航行的險惡環境和金錢誘惑，誘使船長鋌而走險。他們用金錢賄賂隨行官員，並將不願同流合汙的官員扔到大海裡。據說，有些船上的監督官員和醫生竟然不明不白地死亡。面對險惡的環境和極具誘惑的金錢，隨行官員大多選擇了同流合汙。於是，監督開始失效，船長的虐待行為變本加厲。英國政府還採取了道德教育的新辦法。他們把那些私人船主集中起來進行培訓，教育他們不要把金錢看得比生命還重要，要他們珍惜人的生命，認識運送犯人的重要意義（即運送犯人去澳洲，是為了開發澳洲，是英國移民政策的長遠大計）。

但是情況仍然沒有好轉，犯人的死亡率一直居高不下。後來，英國政府發現了運送犯人的制度弊端，並想到了巧妙的解決辦法。他們不再派隨行監督官員，不再配醫配藥，也不再在船隻離岸前支付運費，而是按照犯人到達澳洲的人數和體重，支付船長的運送費用。

這樣一來，那些私人船主為了能夠拿到足額的運費，必須在途中細心照料每個犯人，不讓犯人體重少於出發前。若是死了一個犯人，或者犯人的體重減輕，英國政府都會少支付一些運費。

據說，有些船主主動請醫生跟船，在船上準備藥品，改善犯人的生活條件，盡可能地讓每個犯人都能健康地到達澳洲。有資料說，自從實行「到岸計數付費」的辦法以後，犯人的死亡率降到了百分之一以下。西元一七九三年一月，有三艘船到達澳洲，這是第一次按照上岸人數來支付運費，四百二十二個犯人，只有一個人死於途中。有的船隻甚至創造了零死亡紀錄。

【點評】

這是一個典型的制度改變人性的案例。好制度使壞人變好，壞制度使好人變壞。

在這個案例中，我們看到了以下四種制度安排。第一種制

度安排，採用「離岸價」的結算方式。其結果是：船長唯利是圖，草菅人命——由普通商人變成了壞人。第二種制度安排，採用行政監督的形式。其結果是：官員被收買，官商勾結，合力謀財害命——普通官員變成了腐敗官員。第三種制度安排，採用道德教育，蒼白無力，無濟於事。第四種制度安排，將船長的利益與「犯人安全到達」的政府需要相結合，利用利益聯動機制，採用「到岸價」結算方式，將「唯利是圖，草菅人命」的船長，變成了好人——制度學意義上的好人。

付費制度一改變，困惑多年的難題迎刃而解，魔鬼立刻變成了天使。一個好的制度可以使人的壞念頭受到抑制，而壞的制度會讓人的好願望四處碰壁。建立起將管理結果與職責、利益關聯的制度，能解決很多似乎無法解決的問題。

我們承認制度的價值，但也需清醒認識到制度不是萬能的，不要過分誇大制度的作用。

【案例】如何讓降落傘生產商把合格率從九成九提高到百分百

第二次世界大戰期間，美國空軍降落傘的合格率超過有99.9%，這就意味著從機率上來說，每一千個跳傘的士兵中就會有一個因為降落傘不合格而喪命。美軍方要求廠家必須讓合格率達到百分百才行。然而，廠家負責人卻說他們竭盡全力了，目前已是極限，除非出現奇蹟。於是，軍方想出了一個檢測方法，那就是：每次交貨前從降落傘中隨機挑出幾個，讓生產廠家負責人親自跳傘檢測。從此，奇蹟真的出現了，降落傘的合格率達到了 100%。

【點評】

看上去差距微乎其微，背後卻潛藏著無限的人性祕密與改善空間。

如此微小的差距，對於跳傘士兵而言，便是生死攸關的跨越。同樣的廠家、同樣的機器，案例中所有的要素並未改變，只是將檢測人員改變，便達到了驚人的效果。

這裡需要理性地強調，這個案例很特別，是個特例，工業製造改善的空間有時需要幾代人甚至更長時間的努力，不是本案例中讓製造降落傘的負責人試跳，一夕之間就能獲得改善的。黃金的純度就一直無法達到百分百。

無為而有為的管理模式

無為的管理模式，便是要做到「君逸臣勞，『自然』運營」。管理者要做好決策，騰出精力處理大事、要事，並有效授權下屬，讓他們來做好具體工作。

【案例】陳平的無為而治

陳平晚年時被漢文帝任命為丞相。一天，文帝召見陳平和另一位丞相周勃，文帝首先問周勃：「你經手裁決的事件，一

年約有多少件？」周勃回答：「臣對這不清楚。」文帝又問：「那麼國庫一年的收支大概有多少？」周勃也答不出。文帝見周勃身為丞相，一問三不知，面有不悅，周勃嚇得汗流浹背。

漢文帝拿同樣問題問陳平，陳平答：「這些問題，我得問有關負責人才能知道。」文帝接著問：「誰是負責人呢？」陳平回答：「裁判案件的負責人是司法大臣，國庫收支的負責人是財政大臣。」漢文帝接著又問：「所有的事都有人負責，那麼丞相幹什麼呢？」陳平不慌不忙地答道：「丞相要使百姓各得其所，對外須鎮撫四方蠻夷與諸侯，對內要督促所有官員做好分內工作。」陳平的這番話讓漢文帝深表贊同。

【點評】

「上無為，下有為。」領導要做好決策，並有效授權下屬，讓他們來做好分內工作。一人之下萬人之上，不僅僅是指地位，而且包括分內職責。

領導者凡事親力親為，那不是真正的領導者。能夠有效授權並形成完善的分工合作機制，領導才有效，組織才高效。

【案例】趙簡子放鳥

戰國時，邯鄲人每到元旦就上山捉斑鳩送到趙簡子府上，然後趙簡子就賞給他們很多銀子。有個在趙簡子家做客的人見了很奇怪，便問：「為什麼要把這些斑鳩捉回來？」簡子答道：

「你難道不知道嗎？每一個小生命都是寶貴的啊！元旦那天，我要把他們都放回樹林去，以表示對生靈的愛護。」

客人聽了大笑：「這是愛護生靈的辦法嗎？老百姓知道您要放生，獻上斑鳩有賞，都爭著去捉斑鳩。有的用鐵夾，有的用箭射。雖然也可活捉一些，但死的也不少。如果您真的可憐這些小生命，還不如下個通令，禁止捕捉斑鳩，否則捉了又放，您的恩德遠抵不上罪過呢。」

【點評】

管理得少不是不管，而是要抓住關鍵。管得少又管得好，關鍵在於建章立制。管理的方法和思路決定著組織和團隊的效率和價值。

趙簡子的問題根源在於沒有系統思考，沒有找到「根本解」，只停留在「問題解」上。

領導者將精力放在紛繁的日常事務上，則日常事務不斷增加，組織管理思路越發混亂。倘若關注組織的成長和發展，組織的整體能力便會逐步得到提升。

【案例】松下以心制竅攬全域

松下幸之助，日本松下集團（Panasonic）的創始人。他曾說：「經營者必須兼任端菜的工作。」意思是，企業或團隊的經營管理者應具有謙遜的心態，對基層員工滿懷感激，基層員工能夠感受到經營管理者的感激，也會以努力的工作來作為回報。

松下幸之助對經營管理者在企業發展的不同階段的角色，有獨到的見解。他說，在企業僅有一百多員工時，應該站在員工的最前面，搖旗吶喊鼓舞士氣，以命令來指揮部屬勇往直前；當企業發展到一千人時，經營管理者應站在員工的中間，以誠懇的態度尋求員工的鼎力相助；當企業規模達到更高程度，員工成長至一萬人時，這時的經營管理者應該站在員工的後面，心懷感激，激勵員工就可以了；如果企業員工不少於五萬、十萬時，除了心存感激之情，還要雙手合十，以虔誠的心來領導他們。這便是松下幸之助的「柔性管理」。

【點評】

企業管理方向和模式的選擇與企業的規模大小有密切的關係。初創之時求生存，老闆既是管理者又是執行者；度過初創期的企業，需要加強對員工的重視，設計激勵措施；隨著企業發展成熟，老闆的角色應該逐步為領導者的角色所取代，以制度為引導，發掘和激勵員工的能力最重要。尊重人才、尊重知識，不做無謂的指導和干擾，讓員工自發執行。

總而言之，無為而治要求我們在管理過程中，知道無為就是順應客觀規律，無為而無不為，上無為而下有為。作為領導者，應無私無欲，居下守賤，不自我誇耀，不自以為是，正確處理各類關係。

無為就是尊重客觀規律。

（二）「知人者智自知者明」——用人識人的大道

歷史上的「明主賢君」都具有尊賢重士、求賢若渴的品德，不論諸侯列國還是歷代封建王朝，其興衰史幾乎都與其用人是否得當相繫。韓非子：「賢者用之則天下治，不肖者用之則天下亂。」（《韓非子．難勢》）這種把人才看成是最重要資源的想法，是中國傳統管理思想的精華。

先哲論用人識人的傳統智慧

【原文】

知人者智，自知者明。勝人者有力，自勝者強。（《道德經．第三十三章》）

【譯文】

能了解、認識別人叫作智慧，能認識、了解自己才算聰明。
能戰勝別人是有力的，能克制自己的弱點才算剛強。

識人用人、用人識人這個循環蘊含著非常深的奧妙。識人是前提，用人是目的和手段，用人的過程也是深層次識人的過程。古人在識人、用人方面總結和累積了很多面向和方法。

孔子主張鑑人九法和三步識人術。在《莊子．列禦寇》所記錄的孔子鑑人九法如下：

- 遠使之而觀其忠。派他到遠處任職，觀察其忠誠度。在古代社會來說，此處的「忠」更多是人事方面的；對現代公

司來說，「忠」主要是指對公司價值觀的忠誠。

- 近使之而觀其敬。讓他在身邊任職，觀察其敬慎。與考察對象近距離接觸，建立私交，觀察他是否還能保持應有的禮儀與尊敬。
- 煩使之而觀其能。派他做繁雜之事，觀察其能力。
- 卒然問焉而觀其知。突然向考察對象提出其職責範圍內的問題，看他是否胸懷全域、應付裕如，可以考察其對分管工作的了解程度以及相應的分析歸納概括能力。
- 急與之期而觀其信。倉促約定見面時間，以觀其信。「信」，從「人」從「言」，詞意「誠」也。

  儒家 —— 上好信，則民莫敢不用情；法家 —— 小信成則大信立，故明主積於信；商鞅 —— 以誠信強國利民；魏徵 —— 德禮誠信，國之大綱。
- 委之以財而觀其仁。託付大筆錢財，觀察其是否是仁人君子。「仁」在此處是廉潔的意思。古語云：公生明，廉生威。
- 告之以危而觀其節。告訴他情況危急，觀察其節操。管理者必須有應變能力來處理突發事件。將考察對象置於某種危難處境中，以觀察其是否能臨危不懼、處變不驚、持守節操。
- 醉之以酒而觀其則。故意灌醉他，觀其本性。本條測評的設置重點在於讓人處在「極端狀態」，藉以觀察他在平時不能顯現的真實情志，而喝醉酒不過是「極端狀態」之一種而已。

· 雜之以處而觀其色。於眾人雜處中，觀其為人處事態度。察言觀色，可以考察一個人的世界觀、人生觀和價值觀。從忠、敬、能、知（智）、信、仁、節、則、色，共九個維度對人進行考察。與孔子的「九法」可以相提並論的還有諸葛亮在《將苑》中記載的「七觀」。

間之以是非而觀其志。藉由考察他面對是非的抉擇來看他的志向。

窮之辭辯以觀其變。藉由辯論詰難來看他的應變能力。

諮之以計謀而觀其識。向他諮詢計謀以觀察他的見識。

告之以禍難而觀其勇。告訴他禍難以觀察他是否勇敢。

醉之以酒而觀其性。讓他喝醉以觀他的本性。

臨之以利而觀其廉。以利益引誘以看他是否廉潔。

期之以事而觀其信。與他相約合作，看他是否守信用。

同時，孔子還提出鑑人需要經過三個步驟，即三步識人術：視其所以、觀其所由、察其所安。

【原文】

子曰：「視其所以，觀其所由，察其所安，人焉廋哉？人焉廋哉？」（《論語．為政》）

【譯文】

孔子說：「（要了解一個人）應看他言行的動機，觀察他所走的道路，考察他安心什麼，這樣，這個人怎樣能隱藏得了

呢？這個人怎樣能隱藏得了呢？」

也就是說，觀察一個人的生活社交圈來看其思想境界高低；看一個人為達到目的所採用的手段和方法是怎樣的，觀察該人的志向；最後看一個人的情感取向如何。現代企業管理中，在識人用人方面，我們也可以借鑑和使用儒家的思考和方法。

相較於孔子，老子在識人、鑑人方面簡而言之「知人者智，自知者明」，這也是兵家「知己知彼，百戰不殆」的思想源頭。對別人（對方）了解的人，可以稱為有智慧、有心智的人，也就是懂得「讀人、讀心」；而對自己了解的人，是最聰明、最明白的人，可以說是懂得「讀己」。從字面意義看，讀人、讀己都重要，那麼那個更重要呢？老子說了，「勝人者有力，自勝者強」。超越別人是一種能力，而達到超越自己的人才是真正的強者，所以戰勝自己才是真正的勝利者，而戰勝自己便達到了「不戰而屈人之兵」的境界，無為而無不為。

戰國初期魏國著名政治家、法學家李悝（西元前四五五至三九五年），在識人方面也有真知灼見，值得我們參考。

魏文侯請李悝為他挑選的兩個宰相候選人提出意見，他提出了如下「識人五法」。

居，視其所親。看一個人平常都與誰在一起：如與賢人親，則可重用，若與小人為伍，就要當心。

富，視其所與。看一個人如何支配自己的財富：如只滿足自己的私欲，貪圖享樂，則不能重用；如接濟窮人，或培植有為之士，則可重用。

達，視其所舉。一個人處於顯赫之時，就要看他如何選拔部屬：若任人為賢，則是良士真人，反之，則不可重用。

窘，其所不為。當一個人處於困境時，就要看其操守如何；若不做苟且之事，不出賣良心，則可重用，反之，則不可用。

貧，視其所不取。人在貧困潦倒之際也不取不義之財，則可重用，反之，不可重用。

【案例】百里奚知蹇叔

秦穆公用五張羊皮從楚國換回賢人百里奚後，馬上拜為相，百里奚便推薦了他的朋友蹇叔共理朝政。百里奚對穆公說：「臣嘗出遊於齊，欲委質於公子無知，蹇叔止臣曰：『不可。』臣因去齊，脫無知之禍。嗣游於周，欲委質於王子頹，蹇叔復止臣曰：『不可。』臣復去周，得脫子頹之禍。後臣歸虞，欲委質於虞公，蹇叔又止臣曰：『不可。』臣時貧甚，利其爵祿，姑且留事，遂為晉俘。夫再用其言，以脫於禍，一不用其言，幾至殺身，此其智勝於中人遠矣。」

難怪百里奚說蹇叔之才勝他十倍，一不聽蹇叔之言，便幾乎遭殺身之禍。蹇叔深明天地萬物之理，而有預見成敗之先知，也是了不起的人物。

【點評】

認識一個人、了解一個人，要從其思維、行為、言語中獲得判斷的資訊。思維有多高深，其預測事物的發展趨勢準確性越高，視野也更寬廣。領導者區別於常人之處，也就在於視野的廣度、取捨的能力等，組織中繼任者的挑選、核心人才的鑑別，不能只從其業務技能的高低來辨別，而更應該考

察他的思維能力、預見能力等。

【案例】愛因斯坦被提名當總統

一九五二年十一月九日，以色列首任總統魏茨曼（Chaim Azriel Weizmann）逝世。也就在前一天，以色列駐美國大使向愛因斯坦（Albert Einstein）轉達了以色列總理本．古里安（David Ben-Gurion）的信，正式提請愛因斯坦為以色列共和國總統候選人。當日晚，一位記者打電話去愛因斯坦的住所，詢問愛因斯坦：「聽說要請您出任以色列共和國總統，教授先生，您會接受嗎？」、「不會，我當不了總統。」、「總統沒有多少具體事務，他的位置是象徵性的。教授先生，您是最偉大的猶太人。不，不，您是全世界最偉大的人。由您來擔任以色列總統，象徵猶太民族的偉大，再好不過了。」、「不，我做不了。」

愛因斯坦剛放下電話，電話鈴又響了。這次是駐華盛頓的以色列大使打來的。大使說：「教授先生，我是奉以色列共和國總理本．古里安的指示，想請問一下，如果提名您當總統候選

人，您願意接受嗎？」、「大使先生，關於自然，我了解一點，關於人，我幾乎一點也不了解。我這樣的人，怎麼能擔任總統呢？請您向報界解釋一下，給我解解圍。」大使進一步勸說：「教授先生，已故總統魏茨曼也是教授呢。您能勝任的。」、「魏茨曼和我是不一樣的。他能勝任，我不能。」、「教授先生，每一個以色列公民，全世界每一個猶太人，都在期待您呢！」愛因斯坦的確被同胞們的好意感動了，但他想得更多的是如何委婉地拒絕大使和以色列政府，又不使他們失望，不讓他們窘迫。

不久，愛因斯坦在報上發表聲明，正式謝絕出任以色列總統。在愛因斯坦看來，「當總統可不是一件容易的事」。同時，他還再次引用他自己的話：「方程對我更重要些，因為政治是為當前，而方程卻是一種永恆的東西。」

【點評】

人貴在有自知之明。民心所向不敵自我認知。人最可怕的就是無法認識自己。「認識你自己！」這是鐫刻在古希臘聖城德爾斐神殿（Temple of A pollo （Delphi））上的著名箴言，古希臘和後來的哲學家喜歡用此來規勸世人。它傳達了神對人的要求，就是人應該知道自己的限度。有人問泰勒斯，什麼是最困難之事，回答是：「認識你自己。」接著的問題：什麼是最容易之事？回答是：「給別人提建議。」這位最早的哲人顯然是在諷刺世人，世上有自知之明者寥寥無幾，好為人師者比比皆是。

大哲學家蘇格拉底領會了箴言的真諦，他認識自己的結果是知道自己一無所知，為此受到了德爾斐神諭的最高讚揚，被稱作全希臘最智慧的人。

每一個人都應該認識自己獨特的稟賦和價值，從而實現自我，真正成為自己。人這一生就是在不斷認識自己、超越自己。超越自我就是在實踐中不斷反思自己，覺察自己，進而能夠修正自己。

用人識人的標準：

領導素養古之賢相賢臣都善於推薦人才，如鮑叔之薦管仲，晏嬰之薦司馬穰苴，李斯之薦尉繚，蕭何之薦韓信，徐庶之薦諸葛亮，而所薦者皆能建功立業，名垂青史，這就是其有知人之智、愛士之德了。古之開國帝王，大都善於利用從對方跳槽過來的人戰勝對方，因為曾在對手那裡做過事情的人最了解他們的老闆。韓信和陳平原都是項羽部下，因不受重用而棄項投劉，他們最了解項羽，劉邦賴之打敗項羽而王天下。那麼，他們選賢用能的標準是什麼，真正的領導者的必備素養是什麼呢？

《孫子兵法計》：「將者，智、信、仁、勇、嚴也。」就是說擁有智謀、忠信、仁慈、膽識、謹慎這五項基本素養的將才才能稱得上是合格的將軍。而劉邦說：「夫運籌於帷帳之中，決勝於千里之外，吾不如子房；鎮國家，撫百姓，給饋餉，不絕糧道，吾不如蕭何；連百萬之軍，戰必勝，攻必取，吾不如韓信。此三者，皆人傑也，吾能用之，此吾所以取天下也。」（《史記．高祖本紀》）高祖對謀士、幹將的評價從側面可以印證人才的五項素養。

而《道德經》中老子對領導者有獨特的要求和判斷標準——無私用柔。老子認為，管理者應該具備七種特質：居善地，從善淵，與善仁，言善信，正善治，事善能，動善時。就是說：領導者應居處善於卑下，心思善於深沉，施與善於相愛，言談善於求證，為政善於治理，處事善於生效，行動善於待時。

結合管理實踐內容，領導者的七種品質可以總結如下。

· 居善地：擺正自己的位置，處理好上下級關係
· 從善淵：心思要博大深沉
· 與善仁：將自己的需要與下屬保持一致
· 言善信：管理者要講誠信
· 正善治：管理者要正人正己
· 事善能：要善於任用有才能的下屬辦事
· 動善時：要應時而動，抓住機遇。

領導者應居下而用柔。管理者要將自己處於柔弱位置，充分發掘潛力，揚長避短，後發制人，從而無往不勝，這也是一種高超的管理智慧。在實際中，地位越高，越要謙卑；官級越大，越要小心謹慎；報酬越豐厚，越要廣濟博施。這就是海納百川的道理。江海之所以容納百川，就在於它處卑居下，百川順流而至。

【案例】諸葛亮誤用馬謖失街亭

知臣莫若君，劉備臨終前曾對諸葛亮說：「馬謖言過其實，不可大用。」聰明一世糊塗一時的諸葛亮在第一次出兵北伐曹魏時卻讓馬謖屯守街亭，那是決定勝敗的咽喉之地，馬謖剛愎自用，不聽副將王平之勸，屯兵於山，被司馬懿徹底擊敗，諸葛亮也僅以空城計僥倖逃命。事後諸葛亮揮淚斬馬謖，痛心疾首道：「吾非為馬謖而哭，吾想先帝在白帝城臨危之時，曾囑吾曰：『馬謖言過其實，不可大用。』今果應此言。乃深恨己之不明，追思先帝之明，因此痛哭耳！」

【點評】

領導者首先自身要「有道」，才能識「大道」，進而掌握領導的「大道」。

用人識人是大智慧。紙上得來終覺淺，絕知此事要躬行，對於理論侃侃道來的人，未必是實戰中的強者，長平之戰趙括「紙上談兵」便是最好的佐證。領導者用人需要解決的是如何識人、讀人，在合適的職位上安排適合的人，而真正的癥結在於領導者如何認識自己，如何認識職位本身的性質，讀己、勝己才能在讀人用人方面游刃有餘。

【案例】知子莫若父 —— 范蠡的識人智慧

范蠡幫助勾踐滅吳復越後，便退隱齊國經商，很快就成為富甲一方的商人。「候時轉物，逐什一之利，居無何，則致資累巨萬，天下稱陶朱公」。他的二兒子在楚國因殺人而被囚，范蠡本想讓小兒子去楚國打點，而大兒子卻爭著去，不讓他去就自殺。范蠡只好派大兒去，並交給大兒一封信，讓他轉交楚國的老朋友莊生，並送上千金，讓莊生便宜行事，一定不要再管。莊生是貧而樂道的楚國名士，他看了信並留下了金子，讓范蠡的大兒趕緊走，即使二兒子出來了，也不要問為什麼。老大卻私自留下來，並以自己的私囊賄賂楚國當權用事的達官顯宦。莊生雖居窮閻漏屋，然以廉直聞於國，自楚王以下皆師尊之。及朱公進金，非有意受也，欲以成事後復歸之以為信耳。遂以觀星術勸楚王大赦天下。

老大聽說很快要大赦天下，老二自然就出來了。便去見莊生，莊生驚訝他沒回去，知他是想來取回千金，便讓他自去屋內取去。莊生被耍弄了，又羞又氣，遂入見楚王說：「外邊的人都說陶朱公的二兒子殺人被囚，陶朱公派家人賄賂大臣，國王不是愛民恤國赦天下，而是由於陶朱公二兒子的小命而赦天下。」楚王氣得立即下令先殺老二，第二天才頒布大赦令。

老大拉著老二的屍首回見父母。母親疼得涕淚交流，范蠡道：「我知道老大去了必定斷送老二的性命。老大從小跟著我艱苦賺錢養家，捨不得花錢。小兒子生時家已巨富，揮金如土。小兒去能救老二，大兒去必殺老二，我天天都等著他拉回老二的屍首。」真是知子莫若父啊！

【點評】

不同的境遇、不同的身世，決定了每個人不同的性格，也決定了每個人待人處事不同的方式。

環境影響性格，性格決定命運。

（三）道法自然——管理的基本原則

【原文】

人法地，地法天，天法道，道法自然。（《道德經．第二十五章》）

【譯文】

人取法地，地取法天，天取法「道」，而道純任自然。

何謂「道」？《道德經》中，老子認為「道」大致有三種含義，即：人類生活準則；客觀存在的宇宙本源；事物發生、發展、運行的規律，包括人類社會發展的規律，具體應用到管理領域，「道」就是需要遵循的客觀規律。

李嘉誠的經營之道

報紙上刊登了一篇報導，裡面有關於李嘉誠的描述：

李嘉誠的辦公室陳設非常簡單，桌上乾淨得一張紙都沒有，因為多年來他一直堅持「今日事今日畢」。創業至今 60 多年，雖歷經多次經濟危機，但沒有一年虧損。自 1999 年被評為全球華人首富以來，十五年間不管風雲如何變幻始終穩居這一寶座。

我們不由地想問一個問題，是什麼鑄就了李嘉誠的成功？是堅持，是努力，是獨有的商業智慧，還是……

李嘉誠自己總結了成功的十六字真經：好謀而成、分段治事、不疾而速、無為而治。

- 好謀而成：深思熟慮，謀定後動。
- 分段治事：洞悉事物的條理，有序進行。
- 不疾而速：行動之前，掌握一切可能出現的問題，機會一到，馬上擊中。
- 無為而治：用好的制度、好的系統來治理。胸懷遠大抱負，只求中等緣分，過普通人的生活；看問題要高瞻遠矚，做應低調處世，做事該留有餘地。「無為」就是自然之道。

企業擁有好的制度、好的系統管理方向，讓員工在制度和系統內動起來，帶動企業的良性運作和發展。這便是領導者或企業所有者的首要任務，也是投資管理的首要目標。

【原文】

天長地久，天地所以能長久，以其不自生，故能長生。
（《道德經．第七章》）

【譯文】

天長地久，天地所以能長久存在，是因為它們不是為了自己的生存而自然地運行著，所以能夠長久生存。

企業的價值觀決定企業在經營過程中追求什麼，從而決定著企業的行為，自然也決定著企業的未來。

決定企業前途命運的，不在於資本方的錢袋，往往在於企業家的品格、智慧和能力，即領導力。

企業的盈利固然重要，但決定企業百年的核心因素卻是盈利後的價值取向。

【案例】晏殊的誠實

一天，皇帝御點晏殊為太子侍讀。大臣不知為什麼。皇上說：「最近聽說大臣都嬉游宴飲，經常沉醉其中，只有晏殊與兄弟閉門讀書，這麼謹慎忠厚的人，正可教習太子讀書。」晏殊上任後，有了面聖的機會，皇帝當面告知任命他的原因，晏殊語言質樸不拘，說：「為臣我並非不喜歡宴遊玩樂，只是家裡貧窮，沒錢出去玩。臣若有錢，也會去宴飲。」皇上因此更欣賞他的誠實，眷寵日深。仁宗登位後，得以大用，官至宰相。

【點評】

誠實正直是領導者應有的最高尚的品格，這毋庸置疑。儘管世事變遷，現代人雖有矯飾、虛偽、世故的嫌疑，但還是樂於親近正直、厚道、誠摯的人，而遠離邪逆、自私、奸詐的小人。「誠實是最好的策略」。對於領導者來說，此品格看似簡單，攀登卻很難，需要終其一身的努力。

（四）正言若反——管理的辯證思維

正言若反的哲學思辨

【原文】

將欲歙之，必固張之；將欲弱之，必固強之；將欲廢之，必固興之；將欲取之，必固與之。是謂微明，柔弱勝剛強。魚不可脫於淵，國之利器不可以示人。（《道德經．第三十六章》）

【譯文】

想要收斂它，必先擴張它；想要削弱它，必先加強它；想要廢棄它，必先抬舉它；想要奪取它，必先給予它。這就叫作雖然微妙而又顯明，柔弱戰勝剛強。魚的生存不可以脫離池淵，國家的刑法政教不可以向人炫耀，不能輕易給人看見。

【原文】

天下有始，以為天下母。既得其母，以知其子；既知其子，復守其母，沒身不殆。塞其兌，閉其門，終身不勤。開其兌，濟其事，終身不救。見小曰明，守柔曰強。用其光，復歸其明，無遺身殃；是為習常。（《道德經．第五十二章》）

【譯文】

天地萬物本身都有起始，這個始作為天地萬物的根源。如果知道根源，就能認識萬物，如果認識了萬事萬物，又掌握著萬物的根本，那麼終身都不會有危險。塞住欲念的孔穴，閉起欲念的門徑，終身都不會有煩擾之事。如果打開欲念的孔

穴，就會增添紛雜的事件，終身都不可救治。能夠察見到細微的，叫作「明」；能夠持守柔弱的，叫作「強」。運用其光芒，返照內在的明，不會給自己帶來災難，這就叫作萬世不絕的「常道」。

【原文】

天下之至柔，馳騁天下之至堅。無有入無間，吾是以知無為之有益。不言之教，無為之益，天下希及之。（《道德經．第四十三章》）

【譯文】

天下最柔弱的東西，騰越穿行於最堅硬的東西中；無形的力量可以穿透沒有間隙的東西。我因此認識到「無為」的益處。「不言」的教導，「無為」的益處，普天下少有能趕上它的了。

【原文】

人之生也柔弱，其死也堅強。草木之生也柔脆，其死也枯槁。故堅強者死之徒，柔弱者生之徒。是以兵強則滅，木強則折。強大處下，柔弱處上。（《道德經．第七十六章》）

【譯文】

人活著的時候身體是柔軟的，死了以後身體就變得僵硬。草木生長時是柔軟脆弱的，死了以後就變得乾硬枯槁了。所以堅強的東西屬於死亡的一類，柔弱的東西屬於生長的一類。因此，用兵逞強就會遭到滅亡，樹木強大了就會遭到砍伐摧折。凡是強大的，總是處於下位，凡是柔弱的，反而居於上位。

我們還可以說，大愚若智，於是我們可以發現，老子的正言若反，他給我們提供了一種認識世界的途徑。我們認識世界靠的就是語言，沒有語言，我們無法表達這個世界。而老子提供了一種反邏輯的語言，我們經由這種語言，看到了世界的另一面。如果說邏輯的語言，讓我們看到了世界的正面，那麼反邏輯的語言，就讓我們看到了世界的反面。我們既能看到世界的正面，又能看到世界的反面，我們對世界的理解，我們對世界的認識，就能夠更加深刻，更加全面，就能夠更加辯證。這一點是老子的大智慧。

「大成若缺，大盈若沖，大直若屈，大巧若拙，大辯若訥，大智若愚，大音希聲，大象希形，枉則直，曲則全」正是老子「正言若反」的具體表達，被哲者奉為修身處世之圭臬。

「正言若反」即正面的東西表現出來的現象就像有其反面的一樣，也可作「正道若反」來理解，這種規律形式表現出的內涵更符合辯證的思想，才更接近於「道」的要求。

老子對事物的認識是深刻的。在他看來，一切自然、社會和人世中的事物都是相互對立而又相互依存的，矛盾是客觀存在的普遍現象。諸如大小、多少、遠近、厚薄、輕重、靜躁、黑白、寒熱、歙張、雌雄、母子、壯老、實華、正反、同異、美醜、善惡、主客、是非、巧拙、辯訥、公私、真偽、怨德、貴賤、貧富、治亂、損益、剛柔、勝敗、攻守等，莫不是相反相成、矛盾對立、相互依存、相互轉化的。

老子看來，當事物發展到頂峰，它不可避免地會向相反的方向轉化，而轉化到相反方向的極致以後，還要再向相反的方向轉化，以使回到原初的狀態或說「反反以成正之正」（按照老子的話「反者道之動」）。

所謂「正言若反」就是正面的話好像反話一樣，這是老子從大量同類現象中概括出來的，對事物本質與現象對立、轉化的深刻認識和普遍原則。

如第四十一章中的：「明道若昧，進道若退，夷道若纇。上德若谷，大白若辱，廣德若不足，建德若偷，質真若渝，大方無隅，大器晚成，大象無形」。

用現代的話來說就是：最圓滿的，好似欠缺；最充實的，好似空虛；最正直的，好似枉屈；最靈巧的，好似笨拙；最好的口才，好似不會辯說；明顯的道，好似黯昧；前進的道，好似後退；平坦的道，好似崎嶇；崇高的道，好似卑下的川谷；最光彩的，好似卑辱；最大的德，好似不足；剛健的德，好似怠惰；質樸真純，好似不能堅持；最方正，反沒有棱角；貴重的器物總是最後製成；最大的形象，看來反似無形。

以柔克剛

關於以柔克剛，我們從一個故事開始：老子的師父常樅即將離開人世，諸位弟子都環侍左右。老子問師父說：「恩師！你還有最後的教示嗎？」常樅用極微弱的聲音說道：「你覺得牙齒和舌頭，哪個剛強？哪個柔弱？」老子說：「牙齒剛強，舌頭柔弱。」常樅吃力地把嘴巴張開，說：「你看！我的嘴裡還有什麼？」

原來此時的常樅，牙齒都已經掉光了，張開嘴巴裡是「一望無涯（牙）」，但他的舌頭卻依然存在。常樅說：「這就是我為你上的最後一課 —— 柔弱勝剛強。」老子含著眼淚說：「今後，我將以誰為師？」常樅說：「你應該以水作為老師。」

「上善若水」，「水」最柔弱，但是對人生卻有最豐富的啟示。舌頭柔弱但長存，牙齒剛強卻早衰；柔可以克剛，柔弱勝過於剛強；水，處下而最高尚；以水為師，處下、不逞強，便能成為最強。以柔勝強，柔也是強者的一種姿態，只是沒有那麼張揚，不會令人感到畏懼而已。老子非常推崇「柔」的智慧，那麼歷史上、現實中還有哪些「柔」的智慧呢？

【案例】晏子二桃殺三士

春秋時代齊景公有三員大將：公孫接、田開疆、古冶子，他們戰功彪炳、恃功而驕，晏子建議齊景公消除禍患。

晏子設了一個局：讓齊景公把三位勇士請來，要賞賜他們三位兩個珍貴的桃子，而三個人無法平分兩個桃子，晏子便提出協調辦法 —— 三人比功勞，功勞大的就可以取一個桃。公孫接與田開疆都先報出他們自己的功績，分別各拿了一個桃子。這時，古冶子認為自己功勞更大，氣得拔劍指責前二者，而公

孫接與田開疆聽到古冶子報出自己的功勞之後，也自覺不如，羞愧之餘便將桃子讓出並自盡。儘管如此，古冶子卻對先前羞辱別人吹捧自己以及讓別人為自己犧牲的醜態感到羞恥，因此也拔劍自刎——就這樣，只靠著兩個桃子，兵不血刃地去掉了三個威脅。

【點評】

再好的桃子也是水果，沒有什麼神奇的，只有人吃桃，哪有桃吃人之類的荒唐事？可是，歷史上這兩個桃子是面偉大的鏡子，它們折射出某些人的貪婪與無知。在道家的思想中，真正的強者並非是善於示強的人，相反，「柔」的智慧在於處下、自謙。領導者要有謙虛、居低位的心態和境界，構築擅用天時地利人和以求勝的「柔心柔境」。

【案例】江南拳師力克西北壯漢

《明史》記載，有一次明武宗朱厚照南巡，提督江彬隨行護駕。江彬素有謀反之心，他率領的將士都是西北地方的壯漢，他們身材魁偉，虎背熊腰，力大如牛。

兵部尚書喬宇看出他圖謀不軌，便從江南挑選一百多個矮小精悍的武林高手隨行。喬宇和江彬相約讓這批江南拳師與西北的壯漢比武。江彬從京都南下，原本驕橫跋扈不可一世，但因手下與江南拳師較量屢戰屢敗，氣焰頓時消滅，十分沮喪，蓄謀篡位的企圖也打了折扣。喬宇所用的是「以柔克剛」的策略。

【點評】

強者無定式，精悍勝強悍，以柔可克剛。三流企業賣產品，二流企業賣技術，一流企業賣品牌，超一流企業賣文化。

軟實力才是公司的核心競爭力。領導者在企業發展的開始，就應該有意識地培育企業獨有的文化，與硬實力相輔相成，鑄就基業長青。文化就是「以柔克剛」的祕密武器。

【案例】強悍的康拉德三世圍城

十世紀時，歐洲實力強大的康拉德三世（Konrad III.），在一場戰爭中把仇敵巴伐利亞公爵困在了一座城裡。仇人相見分外眼紅，一場殺戮或是屠城即將開始。此時的巴伐利亞公爵已然彈盡糧絕，戰鬥力低下，康拉德三世勝券在握，毫無懸念。然而，由於歐洲騎士有規定必須尊重婦女，所以康拉德三世在攻城前同意受圍困的婦女徒步出城，並允許婦女們把能帶的都帶走，以便與巴伐利亞公爵決一死戰。正是這個決定，使得康拉德三世的攻城計畫功虧一簣。城裡被圍困的婦女們艱難地背著自己的丈夫和孩子走出了城門，甚至仇敵巴伐利亞公爵也被妻子背在背上。此情此景，康拉德三世不禁留下了眼淚，曾經刻骨的仇恨瞬間消退。

【點評】

金戈鐵馬去，馬革裹屍還，錚錚鐵骨的男兒代表陽剛，往

往輸在女子所代表的陰柔之氣。陰柔的安靜沉穩是陽剛的剋星，以強勢壓人，以暴力取勝並不能征服世人，以慈悲、寬厚、善意得人心方能全勝。

以柔勝強

「以柔勝強」與「以弱勝強」有何區別？「柔」與「弱」都是處於低位的狀態。

在上一節曾解釋「柔」為「強的另一種狀態」，僅僅說明了強者不張揚、不強勢、不爭或者是無為，並不能代表處於劣勢，其內部蘊含著深不可測的氣力，而「弱」一詞則表示確實處於劣勢的，也就是大家都不看好它的意思。很多作品經常把強弱雙方作對比，讀者往往會為弱者捏一把冷汗，並不斷驚嘆「弱者是正義的化身，弱者的勝利是上天對弱者的憐愛」。取勝通常是在拚實力、拚耐力，而「以弱勝強」則是在拚智力、用奇法，也可以說成「以智勝強」、「以奇勝強」。

【案例】官渡之戰

官渡之戰是奠定曹操在北方統治基礎的戰略決戰。東漢獻帝建安五年（西元二〇〇年），北方梟雄袁紹擁重兵二十萬南下，進攻許昌，試圖一舉殲滅曹操。

袁紹帶兵渡過黃河，直逼官渡，跟曹操四萬兵力組成的迎戰主力直面。當時，袁紹占盡優勢，其兵力充足、糧草供給及時，所占有土地也遠遠超過曹操。但袁紹一向驕傲輕敵、剛愎自用，而且對謀士猜忌多疑，屢誤戰機。相反，曹操胸懷大略、多謀善斷，善於聽取謀臣意見，其採納了許攸（原袁紹謀士，後遭袁紹猜忌改投曹操帳下）的建議，以其制勝，偷襲烏巢，燒袁紹糧草，大亂袁紹軍心。之後曹操全線出擊，殲滅了袁紹的主力。最後，打得袁紹只帶八百名殘兵敗將渡過黃河，逃回河北。

【點評】

兵少將微克敵制勝的關鍵在於謀略，以弱勝強翻轉大勢的重點在於用智。弱不一定就處於劣勢，凡事應從不同的視角去看待事物或所遇到的問題。相較之下，強並非能夠一定占據絕對優勢並取勝。領導者應正視自己及團隊所處的位置和境況，分析掌握實際和事物發展的趨勢，保持優點和優勢，將弱點轉化為新的優點，方可以弱勝強。

【案例】少年大衛如何打敗歌利亞

非利士人（Philistines）與以色列人發生了戰爭，非利士營中的歌利亞（Golyat）出來向以色列人挑戰。歌利亞他身高兩公尺上下，頭戴銅盔，身著鎧甲，背上背著一桿銅標槍。一個拿著盾牌的人走在他前面作掩護。歌利亞開始罵陣，要求以色列人派一個人出來與他決鬥。以色列人一看歌利亞的兇悍

模樣都害怕極了。這時從伯利恆來的牧羊少年大衛主動請戰，大衛是專程來為哥哥送食物的，以色列人帶著懷疑的目光問大衛，你有信心迎戰？大衛回答，他在牧羊時打死過獅子和熊。於是將軍把自己的戰衣給大衛穿，大衛穿不習慣便脫掉了。他手中拿著甩石用的機弦，同時在小溪中挑選了五塊光滑的石子。大衛迎著非利士人，跑向了戰場，從囊中掏出了一塊石子放入機弦甩向了歌利亞的額頭，歌利亞瞬間撲倒在地。

【點評】

沒有遊戲規則的對戰，勝負結局往往出乎意料。我們反思，論強弱，強者勝弱者敗才符合邏輯，但事實中我們常常忽略了強弱對峙，其中規則、常理是否能夠得到遵循？戰爭要的結果是勝，所以用兵在於「奇」，取勝便是王道，不無道理。

【案例】美國黑人總統歐巴馬的勝選密碼

二〇〇八年十一月五日，美國做出一個具有劃時代意義的決定，第一次將權力之杖交給了一個黑皮膚的人，他就是歐巴馬（Barack Obama）。而就在十二年前，歐巴馬還只是一名普通的公民。三十五歲步入政壇的歐巴馬，並沒有顯赫的身世背景，更沒有強大領導人物的關懷和關照，那麼，作為一個「草根總統」是如何平步青雲的呢？正值金融危機發生前夕，歐巴馬看到了國家進行變革的必然性，同時提出了對常規的政治模式進行變革的想法。初選中，勁敵便是希拉蕊，作為前任第一夫人，希拉蕊早已得到了大捐款人和大多數黨內領導者的支持，所以對於歐巴馬來說，競選的經歷和背景不可同日而語。然而，歐巴馬知道要想以弱勝強、贏過希拉蕊，必須走草根路線。他一改往日挨家挨戶敲門拉票的方式，改在網路上動員一支忠誠的志願團隊，藉由網路上社交媒體的傳播動員擁護的政治參與者。經過努力，歐巴馬在初選中勝出，並因希拉蕊的退選，他成為了民主黨總統候選人。最後，歐巴馬以三百四十九票大幅領先麥凱恩一百六十三票，當選為美國第五十六任總統。

【點評】

常常是主動「局部化」，方能整體「主動化」。如何成為勝者？弱小者如何脫穎而出？千百年來多少英雄豪傑費盡心思、苦苦尋找。

弱者也有長處與優勢，弱者選擇發揮長處與優勢來彌補總體實力的不足。弱者只有選擇充分發掘優勢，用智慧和出其不意才有可能獲得勝利。強者分散精力，全面布網全域考慮；弱者充分發揮優勢，集中優勢命中要害、單點突破。中小企業領導者在尋求企業成長發展方向的同時，要想想以弱勝強的關鍵點在哪裡，如果聚焦優勢，做到單點突破，或許就能夠成為「隱形冠軍」。

以少勝多從量的角度來看，「少」是「弱」的一種表現；「多」則是「強」的一種狀態。如何「以少勝多」，不僅是戰術問題，更是策略與哲學。

【案例】李舜臣「一戰封神」的戰史奇蹟

西元一五九二年，日本豐臣秀吉發動了侵略朝鮮半島的戰爭，朝鮮國內軍隊戰鬥力較弱，難以抵擋日人的進攻，大片國土被占領。於是，朝鮮國王派使臣向宗主國大明王朝求救。到夏天，大明軍隊尚未集結完畢，然而朝鮮國土卻僅剩一小部分了，亡國在即。朝鮮國內開始謠傳日本軍隊是不可戰勝的，朝內部分官員消極抵抗，甚至意圖投降。就在這種情況下，一直受排擠的朝鮮將領李舜臣，在玉浦海戰中擊沉四十七艘日船，第一次打敗日軍，遏制了日本的進軍。隨後李舜臣又在閒山島海戰中，幾乎摧毀了日軍在海上的侵略攻勢。這次日本侵朝以休戰告終。

西元一五九七年一月，小西行長用豐臣秀吉的計策，散布謠言，以反間計陷害朝鮮水軍名將李舜臣，李舜臣被關於獄中，後又貶為士兵。豐臣秀吉得知計謀得逞，下令集結軍隊十五餘萬、戰船數百艘，於西元一五九七年三月再次發動侵略朝鮮的戰爭。李舜臣臨危受命，任三道水軍統制使。然而，曾經揚威海上的威武水師只剩下區區十二艘軍艦，雙方實力懸殊，令人膽戰心驚。但朝鮮水帥在名將李舜臣率領下，利用鳴梁海峽獨特的地理優勢，以十二艘板屋船擊退了日軍三百三十艘戰船，日軍有八千多人陣亡，而朝鮮陣亡人數只有三十四人，李舜臣憑藉此戰成為朝鮮人心中的「戰神」。鳴梁海戰後，日軍在海上的攻勢完全被消滅，中朝聯軍與日軍開始在陸路對峙。

西元一五九八年八月，豐臣秀吉病死，日軍試圖祕密撤退。李舜臣與中國將領鄧子龍發動了「露梁海戰」追擊日軍，雖然二人雙雙在戰鬥中戰死，但中朝聯軍仍然焚燒並擊沉了日軍戰船五百餘艘，擊斃日軍上萬人。萬曆朝鮮戰爭以中朝成功抵抗日軍侵略而結束。

【點評】

忠貞不渝灑熱血，海戰衛國成戰神；以少勝多驅強寇，萬古千秋拜英雄。資源劣勢對於善於整合資源的領導者來說，並不是劣勢。資源的整合，需要充分利用天時地利人和，領導者的獨特優勢就在於對天時地利人和的掌握。

【案例】特拉法加海戰：將拿破崙趕回陸地的決戰

西元一八〇三年，法國統治者拿破崙（Napoleon Bonaparte）在歐洲大陸已經無人能擋。西元一八〇五年，拿破崙計劃進軍仍不屈服的英國本土，為牽制住強大的英國海軍，拿破崙派海軍中將維爾納夫（Villeneuve）率領的法國和西班牙聯合艦隊

與英國海軍周旋。法國與西班牙聯合艦隊共有四十餘艘大型主力艦只，其餘補給的小型船隊不計其數，而英國僅有不足二十艘的破舊帆船。西元一八〇五年十月二十一日，雙方艦隊在西班牙特拉法加角外海面相遇，決戰不可避免，戰鬥持續了五小時，由於英軍指揮、戰術及訓練皆勝一籌，法蘭西聯合艦隊遭到了決定性的打擊，主帥維爾納夫被俘，二十一艘戰艦被俘。英軍主帥著名的海軍將領霍雷肖．納爾遜（Horatio Nelson）中將也在戰鬥中陣亡。此役之後法國海軍精銳盡喪，從此一蹶不振，拿破崙被迫放棄了進攻英國本土的計畫。而英國海上霸主的地位卻得以鞏固。

特拉法加海戰是裝備實心炮彈的木質帆船之間最大的一次海戰。此戰把英國從拿破崙登陸入侵的威脅中解脫出來。有人說：「一個特拉法加，一個莫斯科，把不可一世的拿破崙趕下了臺。」

【點評】

勇敢突破陳舊，加上非凡的膽略和高超的指揮藝術，對於領導者來說就是勝券穩操的法寶。以少勝多彰顯卓越領導風範，突出資源最佳調度。

【案例】宋太祖為何派不識字的殿侍陪同滿腹經綸的徐鉉？

北宋時，有個叫徐鉉的人以博學多才聞名於世。一次，江南選派徐鉉進京納貢。按照慣例，朝廷要派一位陪同的押伴使。朝中眾人都因沒有徐鉉的學問大，怕被他恥笑而不敢前往陪行，宰相也感到有些棘手，只得奏請宋太祖定奪。

宋太祖深知徐鉉的學問和為人，便傳旨要求呈上一份不識字的殿侍名單。宋太祖看了一眼名單，用筆隨便一點，說：「此人可以。」眾大臣頗感驚訝，皇上怎麼會派一個如此愚笨的人去陪同滿腹經綸的徐鉉呢？

被點名的殿侍還沒弄清楚怎麼回事，就被稀里糊塗地派到了江南。當這位殿侍陪伴徐鉉上路後，從渡江開始，徐鉉便妙語連珠、語驚四座，令同船的人嘆服不已，唯獨陪同他的這位殿侍默不作聲，除了點頭應是，其他的時候一言不發。

徐鉉好生奇怪，不知這人學問深淺，便饒有興致地與他攀談，賣弄自己的學問，滿認為這樣會使對方感到自慚形穢。誰知殿侍仍舊點頭稱是，既不發表意見，也不回答問題。這樣一連幾天，徐鉉深感沒趣，傲氣漸失，只好乖乖地隨殿侍來到京城。

宋太祖的過人之處就在於以愚困智，如同一記強勁的「霸王拳」打過來，卻打在一團棉花上，力量轉瞬即逝、無影無蹤。

【點評】

旗鼓相當就難以分出高低，以愚困智方顯智慧超群。

何謂人才？把一個合適的人置於合適的位置，讓他發揮特長，他就成了人才。

《史記．孟嘗君列傳》載，齊孟嘗君出使秦被昭王扣留，孟一食客裝狗，鑽入秦營偷出狐白裘獻給昭王妾以說情放孟。孟逃至函谷關時昭王又令追捕，另一食客裝雞叫引眾雞齊鳴騙開城門，孟得以逃回齊。這便是「雞鳴狗盜」一詞的由來，孟嘗君因「雞鳴狗盜」之徒，逃脫人生的災難。

【案例】鄭板橋：難得糊塗

鄭板橋二十歲考中秀才，四十歲得中舉人，四十四歲成進士。這一年，鄭板橋聽聞山東萊州雲峰山碑刻頗多，便前往觀賞。因對碑刻觀賞太過認真，天色已近昏暗，晚間不得不借宿在山下一老儒家中，老儒自稱「糊塗老人」，老儒言談舉止，高雅不凡，兩人交談甚為投契。

老人家中有一尊方桌大小的古硯臺，石質甚是細膩，鏤刻精美。老儒聽聞鄭板橋之名，便懇請鄭板橋題字，以便請人刻於硯臺背面。鄭板橋感到糊塗老人定有來歷，便題寫了四字「難得糊塗」，並取出自己最愛的一方印，落款上印「康熙秀才雍正舉人乾隆進士」。糊塗老人見後，笑而不語。

因硯臺較大，還留有很大一塊空處，鄭板橋便請老人題寫一段跋語。老人沒加推辭，思忖片刻便落筆寫道：「得美石難，得頑石尤難，由美石轉入頑石更難。美於中，頑於外，藏野人之廬，不入富貴之門也。」寫罷也蓋了方印，印文是：「院試第一鄉試第二殿試第三」。鄭板橋看後大驚，知是一位情操高雅的退隱官員，頓時黯然成愧。見硯臺還有空隙，便又提筆補寫了一段文字：「聰明難，糊塗尤難，由聰明而轉入糊塗更難。放一著，退一步，當下安心，非圖後來報也。」

糊塗老人看後，仰天大笑道：「真乃高士也。」而鄭板橋卻若有所思，低頭笑而不語。自雲峰山歸家不久，鄭板橋便掛印而去，棄官雲遊大隱於市。

【點評】

難得糊塗是另外一種「以愚困智」的形式。鄭板橋的「難得糊塗」符合老子的處世哲學。不以聰明伶俐取勝，藏智於愚，藏巧於拙。

外表看著聰慧過人但腹中空空的人，才是真正的愚笨；看似愚笨但胸有大志大才的人，方可稱為智者。

老子認為領導者要做到不露鋒芒、內斂不炫耀。人類紛爭和煩惱的病根不是由於無知和愚蠢，而是由於過分的投機取巧。如果社會上人人誠實，那麼誰也不會受到欺騙，個個待人忠厚，誰也不會被別人欺凌。如果大家都為人淳樸，無疑更容易取得他人的信任，也更容易把事情辦成。

以小博大

俗話說：「四兩撥千金」，螞蟻可以搬起它體重五十多倍的物體，也就相當於體重為七十五公斤的人要舉起近四千公斤重

的東西，談何容易？那螞蟻從哪裡來的那麼大力氣呢？奧妙在於螞蟻的腿部是由三磷酸腺苷（ATP）所構成，在走動的時候，螞蟻腿部的肌肉能夠產生一種酸性物質，引起三磷酸腺苷的變化，從而產生巨大的動力。在人類社會，古希臘著名的科學家阿基米德（Archimedes）發現槓桿的平衡原理後，懷著激動的心情給敘拉古國王（Siracusa）希倫寫了一封信。他在信中說：「如果給我一個支點，一根足夠長的棍子，我就能撬動整個地球。」不管是動物界還是人類社會，都在以聰明和力量優化自身的存在方式和狀態。人與動物在所有不可抗力面前都是非常脆弱的，而人比動物的強大之處也就在於借力發力、以小博大。

大成若缺

【原文】

大成若缺，其用不弊。大盈若沖，其用不窮。大直若屈，大巧若拙，大辯若訥。躁勝寒靜勝熱。清靜為天下正。（《道德經．第四十五章》）

【譯文】

最完滿的東西，好似有殘缺一樣，但它的作用永遠不會衰竭；最充盈的東西，好似是空虛一樣，但是它的作用是不會窮盡的。最正直的東西，好似有彎曲一樣；最靈巧的東西，好似最笨拙的；最卓越的辯才，好似不善言辭一樣。清靜克服擾動，寒冷克服暑熱。清靜無為才能統治天下。

道家的思想中非常客觀地提出：十全十美、完美無瑕的事物並不存在。我們所追求的完美和極致，只是我們不斷前行的動力。正如，含苞待放、孕育而未開放，蘊含著無限的生命和生機；月亮未圓，因缺而光亮逐日增加；花全開月已滿，也預示著花將凋零夜無光。又如，蘋果公司 LOGO 幾經更換，最終以簡化代替了繁雜、以黃金分割的「咬一口」，更加凸顯品牌的視覺效果，並且寄予不斷創新的寓意。因缺而美，沒有最好，只有更好。

電影《一代宗師》中的一段對話充滿哲理：

葉問：「其實天下之大，又何止南北。勉強求全，等於固步自封。在你眼中，這塊餅是個武林。對我來講是一個世界。所謂大成若缺，有缺憾才能有進步。真管用的話，南拳又何止北傳，你說對嗎？」

【案例】曾國藩讓功裁軍，求缺而得大成

西元一八六四年八月，湘軍攻陷了江寧（太平天國京城），為清帝國解除了國內最大威脅。戰功卓著、兵多將廣，聲勢功勞可震主，此時的曾國藩在考慮該如何做到「功成名遂身退」。他下令，在向朝廷報送有戰功人員名單時，將湖廣總督官文放在第一位，淡化弟弟曾國荃的功勞。同時，將左宗棠、沈葆楨等與曾國荃一同上報，淡化所有的功勞。除此之外，龐大的湘軍實力以及弟子李鴻章淮軍的實力相加，無疑會

受到朝廷的猜忌。因此，曾國藩選擇了裁減湘軍，自斷羽翼。對於已被封為江西巡撫的曾國荃，曾國藩勸其回家休整。

曾國藩曾將自己的書捨命名為「求闕齋」，其重自律，時時警戒自己，警戒盈與滿所帶來的災禍，求缺心態、知足心態成就了他一生的圓滿。

【點評】

名之所在，當與人同分；利之所在，當與人共用。懂得享受缺憾，才能做到悟道人生。

「勢不可使盡，福不可享盡，便宜不可占盡，聰明不可用盡」說的就是這個道理，持缺失的心態，知足而樂，捨得放棄才能在不斷成長中獲得幸福。

莫言在《檀香刑》一書中寫得更是耐人尋味：「世界上的事情，最忌諱的就是個十全十美，你看那天上的月亮，一旦圓滿了，馬上就要虧厭；樹上的果子，一旦熟透了，馬上就要墜落。凡事總要稍留欠缺，才能持恆。」

【案例】中看不中用的雕花弓

從前有個獵人，射箭的技巧非常精湛，每次村裡的年輕人一同外出打獵，他獵到的動物都最多，大家便封了他一個頭銜，叫「獵王」。

獵王原來用的那把弓，外表平實，很不起眼，有了獵王的頭銜之後，他心想：「我的身價已經跟以前大不相同了，如果再用這把難看的弓，一定會遭人笑話。」於是便把舊弓丟棄了，另外找人製造了一把新弓，上面雕刻了非常精緻的花紋，每個人見了都忍不住要摸一摸，稱讚幾句。獵王更得意了。

有一天，村子裡舉行射箭比賽，獵王帶著好看的新弓，很神氣地到達比賽地點。等輪到獵王出場時，大家都鼓掌喝彩，準備看他一顯身手。

見獵王拈弓搭箭，才將弦一拉緊，那神氣的雕花弓竟然當場折斷了。在場的人哄堂大笑，獵王面紅耳赤，一時羞窘得說不出話來。

【點評】

這是一個「大成若缺」的反案例，「獵王」為了弓的完美，使得它沒有缺陷，結果「弄巧成拙」。那個外表平實、很不起眼、難看的弓，就是「大成若缺」，不好看卻中用。

再好看的弓，不能挽弓搭箭也是枉然，就如再好看的戰馬，無法馳騁疆場一樣。中看不中用的事物，便是功效的殘缺，對於追求實效的實體來說就是一文不值。

選才用才關乎事業的成敗興衰，用基本的行為規範、禮儀規矩來培訓員工，固然重要，但更應該注重員工執行能力、團隊合作能力、專業技能的培養。切不可捨本逐末。

以退為進

「處事讓一步為高，退步即進步的張本；待人寬一分是福，利人實利己的根基。」這是《菜根譚》中關於進退、取捨的思想。也是老子的哲學。

【案例】公孫弘「認罪」

漢代公孫弘年少時家境貧寒，年輕時曾任薛縣的獄吏，因無學識，常發生過失，故犯罪免職。為此，他立志在麓臺（望留鎮麓臺村）讀書，苦讀到四十歲，又隨老師胡母子始修《春秋公羊傳》（也稱《公羊春秋》，儒家經典著作之一）。建元元年（西元前一四〇年）漢武帝即位，被任命為博士。公孫弘為相數年，但他的生活一直十分儉樸，吃飯只有一個葷菜，睡覺只蓋普通棉被。就因為這樣，大臣汲黯向漢武帝參了一本，批評公孫弘位列三公，有相當可觀的俸祿，卻只蓋普通棉被，實質上是使詐以沽名釣譽，目的是為了騙取儉樸清廉的美名。

漢武帝便問公孫弘：「汲黯所說的都是事實嗎？」公孫弘回答道：「汲黯說得一點兒沒錯。滿朝大臣中，他與我交情最好，也最了解我。今天他當著眾人的面指責我，正是切中了我的要害。我位列三公而只蓋棉被，生活水準和普通百姓一樣，確實是故意裝得清廉以沽名釣譽。如果不是汲黯忠心耿耿，陛下怎麼會聽到對我的這種批評呢？」漢武帝聽了公孫弘的這一番話，反倒覺得他為人謙讓，就更加尊重他了。

公孫弘面對汲黯的指責和漢武帝的詢問，一句也不辯解，並全都承認，這是何等的智慧呀！

【點評】

以退為進，大辯若訥，巧辯無益，這是一種大智慧。領導者如何應對非正式組織中所傳播的流言蜚語、小道消息或者莫須有的罪名呢？急於申辯有時只能讓事態越來越糟。公孫弘的態度可能是較好的一種處理方法，靜待事情的水落石出。

【案例】張英與六尺巷

「六尺巷」位於安徽省桐城市西南一隅，是一條鵝卵石鋪就的巷道，全長一百八十公尺、寬兩公尺。這條看似尋常的巷子，走完全程也不過四五分鐘，卻有著一段不平常的來歷。張文端公居宅旁有隙地，與吳氏鄰，吳氏越用之。家人馳書於都，公批詩於後寄歸，云：「一紙書來只為牆，讓他三尺又何妨。長城萬里今猶在，不見當年秦始皇。」家人得書，遂撤讓三尺，吳氏感其義，亦退讓三尺，故六尺巷遂以為名焉。這裡的張文端公即清代大學士桐城人張英（清代名臣張廷玉的父親）。

清代康熙年間，張英的老家人與鄰居吳家在宅基的問題上發生了爭執，因兩家宅地都是祖上基業，時間又久遠，對於宅界誰也不肯相讓。雙方將官司打到縣衙，又因雙方都是官位顯赫、名門望族，縣官也不敢輕易了斷。於是張家人千里傳書到京

城求救。張英收書後批詩一首寄回老家，便是這首膾炙人口的打油詩。張家人豁然開朗，退讓了三尺。吳家見狀深受感動，也讓出三尺，形成了一個六尺寬的巷子。張英的寬容曠達讓六尺巷的故事被廣泛傳誦，至今依然帶給人不盡的思索與啟示。

【點評】

退一步海闊天空，忍一時風平浪靜，讓三尺美名傳世。以退為進，深意在於遇事不可魯莽，以寬廣的胸懷來迎接撲面而來的誤解，以和氣的心境緩解劍拔弩張的態勢。知進善退乃大智慧。

【案例】張廷玉的「退步」

清軍機大臣張廷玉（張英之次子）之子張若靄，少年早慧，書畫修養非常高，深得乾隆喜愛，經常出入內府幫乾隆鑑定字畫。

一次，張廷玉在一位官員家中看到一幅名人山水古畫，珍貴異常，回家後將此資訊告知了張若靄。張廷玉的意思是這樣難得一見的珍品畫卷，應該讓兒子去鑑賞鑑賞，不料沒過幾天這幅畫卻懸掛在了自己家中。在家中見到此畫，尋常不動聲色的張廷玉忍不住黑下臉來，責罵張若靄，「我無介溪之才，汝乃有東樓之好矣」！（介溪為明朝丞相嚴嵩號，其子嚴世藩號東樓。嚴嵩一家為明朝著名的貪腐家族。）聽到父親如此責怪，張若靄立即將此畫歸還原主。

雍正年間，張若靄曾在殿試中博得一甲第三名，但張廷玉以張氏子弟恩隆過盛為由不受，向雍正皇帝兩次堅辭，請求將探花之譽「讓於天下寒士」。雍正力挽不成，只得將張若靄由一甲第三名降為二甲第一名。

【點評】

貴為父子雙宰相（張英、張廷玉），一門三世得諡（張英、張廷玉、張若渟）、六代翰林（張英、張廷玉、張若靄、張曾敞、張元宰、張聰賢）的張家，簪纓世族，貴冑滿朝，卻始終清白傳家。

父子兩代代代讓字當先，明清兩朝朝朝盛出佳話。如何做到不爭、無為，「知退」不失為良法。不居功，追求適當的名譽，獲得應得的利益。若占盡風頭享盡繁華，物極必反，勢必難以善終。

【案例】急流勇退的范蠡

春秋末越國國君在位，姓姒（因為是大禹的後代，所以姓姒），名勾踐，又名菼執。勾踐即位後不久，即打敗吳國。兩年後，吳王姬夫差攻破越都，勾踐被迫屈膝投降，並隨夫差至吳國，臣事吳王，後被赦歸返國。勾踐自戰敗以後，時刻不忘會稽之恥，日日忍辱負重，不斷等待時機，反躬自問：「汝忘會稽之恥邪？」他重用范蠡、文種等賢人，經過「十年生聚又十年

教訓」，使越之國力漸漸恢復起來。可是吳對此卻毫不警惕。西元前四八二年，吳王夫差為參加黃池之會，盡率精銳而出，僅使太子和老弱守國。越王勾踐遂乘虛而入，大敗吳師，殺吳太子。夫差倉卒與晉定盟而返，連戰不利，不得已而與越議和。

西元前四七三年，越軍再次大破吳國，吳王夫差被圍困在吳都西面的姑蘇山上，求降不得而自殺，吳亡。越王勾踐平吳，乃聲威大震，乃步吳之後塵，以兵渡淮，會齊、宋、晉、魯等諸侯於徐州（今山東滕州南），周天子使人命勾踐為「伯」（霸）。時「越兵橫行於江、淮東，諸侯畢賀，諸稱霸王」。不過此時，春秋行將結束，霸政趨於尾聲，勾踐已是春秋最後的一個霸主了。

當勾踐剛剛滅吳稱霸，范蠡居功至偉，封上將軍，但是范蠡深知「大名之下難久居」、「久受尊名不祥」，所以明智地選擇了功成身退，「自與其私徒屬乘舟浮海以行，終不反」。范蠡曾遣人致書文種，謂：「飛鳥盡，良弓藏；狡兔死，走狗烹。越王為人長頸鳥喙，可與共患難，不可與共樂，子何不去？」文種未能聽從，不久果被勾踐賜劍自殺。傳說范蠡改名陶朱公，後以經商致富，富甲一方，得以善終。

【點評】

在功名利祿面前，能夠「知退」而且「能退」的人很少。既得利益、固化的習慣，積重難返，使人們難以從過去的慣性中解放出來。因為無法「放下」，當然無法「重起」。無法將自己的過去「清零」，自然也無法重新開始。禍福常在進退一念間。

福禍相依

【原文】

禍兮，福之所倚；福兮，禍之所伏。孰知其極？其無正也？正復為奇，善復為妖。（《道德經．第五十八章》）

【譯文】

災禍啊，幸福依傍在它的裡面；幸福啊，災禍藏伏在它的裡面。誰能知道究竟是災禍呢還是幸福呢？它們並沒有確定的標準。正忽然轉變為邪的，善忽然轉變為惡的。

福與禍、陰與陽、正與反等相對立、不可或缺，而又相互轉化的概念，都是中國古代辯證思想的源頭。正因為彼此的相對性、不可或缺，給我們研究單個事物的出現、發展、衰退提供了契機，也因為彼此之間存在轉化的可能，給我們有意識地改造世界提供了機會。

在管理實踐中，關鍵是要善於掌握處事的度：方而不割，廉而不劌，直而不肆，光而不耀（方正而不孤傲；突棱而不傷人；率直而不放肆；光明而不耀眼）。抱著正直、善良動機的吃虧應該得到鼓勵，但如果識別不慎，縱容了心懷叵測的小人，則會造成難以估量的損失。

組織內部，職能的分類形成了部門，職能的細化有了職

位，彼此相互聯繫，又相互對立，共同構成了組織這個生態共同體。領導者，既要懂得各個部門職能的差異性，也應懂得他們彼此之間的密切關係，在其中做好職能的整合及溝通協調指導的職責，讓分類的職能相互協同，形成有效運作的機制。

【案例】塞翁失馬焉知非福

從前，有位老漢住在與胡人相鄰的邊塞地區，來來往往的過客都尊稱他為「塞翁」。塞翁生性達觀，為人處事的方法與眾不同。

有一天，塞翁家的馬不知什麼原因，放牧時竟迷了路，回不來。鄰居們得知後，紛紛表示惋惜。可是塞翁卻不以為然，他反而釋懷地勸慰大家：「丟了馬，當然是件壞事，但誰知道它會不會帶來好的結果呢？」果然，沒過幾個月，那匹迷途的老馬又從塞外跑了回來，並且還帶回了一匹胡人騎的駿馬。

於是，鄰居們又一齊來向塞翁賀喜，並誇他在丟馬時有遠見。然而，這時的塞翁卻憂心忡忡地說：「唉，誰知道這件事會不會給我帶來災禍呢？」塞翁家平添了一匹胡人騎的駿馬，使他的兒子喜不自禁，於是就天天騎馬兜風，樂此不疲。

終於有一天，兒子因得意而忘形，竟從飛馳的馬背上掉了下來，摔傷了一條腿，造成了終身殘疾。善良的鄰居們聞訊後，趕緊前來慰問，而塞翁卻還是那句老話：「誰知道它會不會帶來好的結果呢？」

又過了一年，胡人大舉入侵中原，邊塞形勢驟然吃緊，身強力壯的青年都被征去當了兵，結果十有八九都在戰場上送了命。而塞翁的兒子因為是個跛腿，免服兵役，父子二人也得以避免了這場生離死別的災難。

【點評】

人世間的好事與壞事都不是絕對的，在一定的條件下，壞事可以引出好的結果，好事也可能會引出壞的結果。

一件事情是福是禍，往往不是表象可以判定的，凡事順其自然，遇到順心的事不要太得意，遇到沮喪挫折的時候也不要太灰心喪志，宜淡然處之。

管理者要從對立統一的變化中預測事物的發展變化規律，從而得以處變不驚，進退自如。

【案例】失之東隅，收之桑榆

西元二五年秋天，漢光武帝劉秀建立了東漢政權。接著，劉秀就把矛頭對準了赤眉起義軍。西元二六年春天，長安斷糧，樊崇領導的幾十萬赤眉軍不得不向西轉攻城邑，但遭到占據天水郡的隗囂的阻擊，只得回到長安來。這時，長安已被劉秀部將鄧禹占據。經過激戰，赤眉軍打敗了鄧禹，九月又重新占領長安。這年冬天，赤眉軍的糧食供應仍然極端困難，不得已於十二月引兵東進。劉秀一面派大將馮異率軍西進，在華陰

（現在陝西華陰東南）阻擊赤眉軍；一面在新安（現在河南澠池東）、宜陽（現在河南宜陽西）屯駐重兵，截斷赤眉軍東歸的道路。馮異率領西路軍，在華陰、湖縣一線，同赤眉軍相持了六十多天。多次被赤眉軍打敗的鄧禹，這時率部到達湖縣，同馮異的部隊會合。鄧禹妄想取勝，派部將鄧弘搶先進攻赤眉軍，又被赤眉軍打得落花流水。鄧禹、馮異親率主力救援，在回溪（現在河南宜陽西北）又被赤眉軍打得大敗。鄧禹只帶著二十四騎逃回宜陽，馮異拋棄了戰馬，只帶著幾個人爬上回溪阪，逃回營寨。

西元二七年正月，赤眉軍在崤底（現在河南洛寧西北）被馮異打敗，遭到重大損失。剩下的起義軍折向東南，不料在宜陽又陷入劉秀重兵的包圍。赤眉軍經過艱苦的戰鬥，始終不能突圍。樊崇等人在糧盡力竭的情況下，投降了劉秀。

戰鬥結束後，劉秀下了一道詔書，名叫〈勞馮異詔〉。其中有幾句：「開始在回溪遭受挫折，最後在澠池一帶獲勝。這就是所謂在日出的東方吃了敗仗，在日落的西邊卻得到了勝利。」（原文是：「始雖垂翅回溪，終能奮翼澠池。可謂失之東隅，收之桑榆。」）

【點評】

峰迴路轉、反敗為勝的事例，在歷史上不斷地上演。成功的路上難免會遇到不斷的失敗和挫折，在這個過程中，強者看到的是自己在不斷地接受磨練，累積經驗，悲觀者則被壓垮倒在了失敗的地方，如果成功只需三天，而失敗者往往在第二天晚上就放棄了自己的追求。

沒有禍福相依的辯證思維，沒有堅持就是勝利的信念，失敗者就難以反敗為勝。

【案例】中大獎是福是禍？

美國人傑克．惠特克（Andrew Jackson Whittaker Jr.）二〇〇二年獨享「強力球」彩票頭獎，獲得了美國有史以來最為豐厚的獎金三億一千五百萬美元。時年六十二歲的惠特克在超市偶然購買了一張彩票，不料卻獲了大獎。

他在中獎後做的第一件事情極富人情味，就是送給賣給他獎券的工作人員一幢房子和一輛車。僅僅兩週後，惠特克就成了新聞人物，但他的生活也從此充斥著媒體壓力。兩個月後，他因為酒後駕車入獄。一年後，他在離開酒吧時遭遇一群劫匪，損失上百萬美元。隨後，他又在一場離奇的盜竊案中，損失了二十萬美元。再後來，他因威脅殺人而遭到起訴。二〇〇六年，他又爆出對一名女子進行性騷擾的醜聞。有關惠特克的新聞自他中獎以來不斷見諸報端，但卻是一連串的壞消息。從二〇〇三年迄今，他的名字已經變成了「倒楣鬼」的代名詞。更為不幸的是：二〇〇四年，惠特克的孫女因藥劑過量死亡，二〇〇六年他的妻子去世。

緊接著，連女兒也拋下了他這個可憐的億萬富翁，先他而去。「金錢買不了幸福」雖然是老生常談，但惠特克的故事在此印證了此話。

【點評】

禍福相依相存，不可分割。生在福中，不知禍何時到；脫離禍端，又怎知福便來。

怎樣看待生命中遇到的福與禍呢？不貪、不占、捨得放棄，從容面對每一次成功與失敗。

常說失敗為成功之母，但長期滿足於已有的成功，不思進取、不求與時俱進，早晚成功也會變成失敗之母。這便是老子的禍福辯證法。

「反者道之動」與創新

【原文】

反者道之動，弱者道之用。天下萬物生於有，有生於無。（《道德經．第四十章》）

【譯文】

向對立面轉化，是大道的運動規律；柔弱，是大道發揮作用的方法。天下萬物從實有中產生，實有從虛無中產生。

老子認為，道（自然規律）的運動是無條件轉化的過程，無條件即順其自然，自然而然地實現轉化。瓜熟蒂落，大道自然。

人們在不可抗力面前，採用「柔弱」的方法才是明智之舉，順勢而為方可實現物極必反。但對於人類社會有無相生，人們可以在其中發揮自己的作用，促成事物向合理的方向發展，或者阻撓事物向不好的趨勢成長。

【原文】

將欲歙之，必固張之；將欲弱之，必固強之；將欲廢之，必固興之；將欲取之，必固與之。（《道德經．第三十六章》）

【譯文】

要想讓他縮小，先要讓他擴大；要想讓他削弱，先要讓他強壯；要想讓他衰亡，先要讓他振興；要想奪取他，先要給予他。

有與無、大與小、強與弱、興與亡、奪取與給予都是相對的概念，都在不斷地轉化，人們可以主動為各種轉化創造條件。人類歷史都在見證著這個輪迴轉化的過程。

不管是自然規律的特徵，還是人類社會發展的規律性，認知的目的在於以無為的思想認識規律，以柔弱的措施創造條件，增進人與自然、人與人以及人與社會的協調性。此間，推陳出新、發明創造、融會貫通的方法，我們稱之為創新。創新的基礎在於對規律性的認識，創新的關鍵在於「破」與「立」。

跳脫常規，貼近生活

聊一聊反常規在我們生活、工作，管理中的運用：

銀行推出二十四小時服務：改變銀行對人員配備的要求，以程式化的機器代替人工作業，產生了 ATM。改變人對人服務為機器對人的服務。

網路上書店：一改讀者泡圖書館、逛書店的習慣，將書籍資訊上傳至網路，消費者可以根據需求，選擇自己所需要的書籍，即時支付或貨到付款，減少了購書的時間。亞馬遜書店就是其中的代表。改變人對人的面對面服務為網路系統對人的服務。

對原有事物細化分解，做減法或做加法，以漸進性創新，能夠給市場帶來持續的改變。

企業經營管理過程中，也應該有這種反常規的想法和方法，實現盈利模式、管理方法和理念的創新。

【案例】司馬光砸缸

《宋史》中記載：「光七歲，凜然如成人。聞講《左氏春秋》，愛之，退為家人講，即了其大指，自是手不釋書，至不知飢渴寒暑。群兒戲於庭，一兒登甕，足跌沒水中，眾皆棄去，光持石，擊甕破之，水迸，兒得活。」

（大意是：司馬光七歲時，已經像成年一樣，聽人講《左氏春秋》，特別喜歡，回來講給家人聽，基本能夠忠實其中的大意。從那以後，對於《左氏春秋》喜歡得愛不釋手，甚至忘記飢渴和寒暑。一群小孩子在庭院裡面玩，一個小孩站在大缸上面，失足跌落缸中被水淹沒，其他的小孩子都跑掉了，司馬光拿石頭砸破缸，水流出，小孩子得以活命。）

【點評】

缸中撈人誤時機，砸缸洩水救人命。缸中救人是人動水不動，砸缸洩水是水動人不動。爬樓梯是人動梯不動，反過來讓梯動人不動，於是發明了電梯。動物園裡以前都把猛虎凶獸關在籠子裡，有人建議把人關在具有防護設施的車子（相當於籠子），世界上第一個天然動物園就這樣誕生了。

逆向思維是產生創新的活水源頭。危機時刻往往需要人發揮機智處理問題。要想喝到瓶中的水，砸碎瓶子便覆水難收，將嘴伸進去也有可能被卡住困死，烏鴉選擇投石子提升水位的方法。

滾燙的油鍋著火了，如果用水滅火會適得其反。交通擁堵不一定是道路寬度不夠，也不一定是車輛違規行駛，也有可能是雙向道的分割比例不夠完善。那麼，領導者在實現管理創新的過程中，也應該從砸缸救人、投石取水的故事中獲得靈感，反常規而行才有新的突破。

【案例】優選繼任者

一位企業家有兩個兒子，都是親骨肉，二選一實在為難。於是他出了道難題給兩個兒子，企業家說道：「我現在給你們兩匹馬，你們要騎馬到清泉邊去讓馬飲水，誰的馬走得慢，誰就是贏家。」老大認為，把馬的韁繩拉住，不讓馬向前跑馬跑得就慢了，於是準備拚命地抓住馬韁繩向後拖。不等老大抓住自己馬的韁繩，老二飛奔到老大的馬前，翻身上馬馬鞭揚起，老大的馬疾馳而去，沒過幾分鐘便到了清泉邊，而自己的馬還在原地打轉。最終，老二取勝，順利地得到了繼任權力。

【點評】

不按牌理出牌，往往會出乎常人的意料，打亂原有的格局。兵法中講「出奇制勝」，便是不以常規的、既有的模式用兵，使敵人在慌亂中失去反擊的機會。

【案例】秦檜解決貨物囤積

有一陣子，南宋京城的市場上銅錢匱乏，導致了一系列的經濟問題。最嚴重的，就是因為缺少銅錢，百姓沒錢買東西，以物易物又極不方便，導致了消費低迷，貨物大量囤積。官員們為了貨物囤積的問題，絞了腦汁，但實際收效甚微。

當時秦檜任宰相，一聽說這個難題，不假思索地說：「容易，看我的！」便命人從市井中找來一名理髮匠到府上為宰相理髮。頭髮理過之後，秦僧命人將手工費交給理髮匠，並叮囑道：「拿到錢之後，最好趕緊花掉，因為聖上已經有旨意，準備廢掉這些銅錢另鑄新錢。」

理髮匠拿著錢，急匆匆地趕回了家，並把從宰相府得到的消息告訴了街坊四鄰，讓大家趕快把存著的銅錢花掉，以免逾期失效。消息不脛而走，一傳十十傳百，大家都拿出了自己存著的錢購買貨物。錢荒、貨物囤積的問題迎刃而解。

【點評】

這也是一個不按牌理出牌的案例，按照常規的思路應該頒布新的宏觀調控制度以刺激市場。秦檜歷史上罵名在身、一代奸臣，但以一個小小的謀略撬動了大大的市場，卻不乏計謀。

發展缺乏動力，原因有很多。缺少足夠的資金、人才資源不足、管理混亂等。只為成功找方法，不為失敗尋理由，管理不能頭痛醫頭、腳痛醫腳，組織是一個客觀存在的生態循環系統，每個職能都有緊密結合、相互協同的關係。

高明的領導者應該發現其中的關鍵，尋求突破。

【案例】倖存者偏差與美軍軍機的改良

第二次世界大戰時期，美英聯軍對德國進行轟炸，由於德軍防空力量強大，美英空軍損失慘重。國防部找來飛機專家，研究飛機受損情況，以圖改進。專家們發現，所有執行任務歸

來的飛機，機腹都彈痕累累，而機翼卻完好無損。於是，他們推斷，機腹更容易受到炮火攻擊，應該改進對機腹的保護。

然而，國防部一個統計學專家卻認為，機翼完好無損，證明被擊中機翼的飛機都墜落了，因此應該加強機翼的保護，而不是機腹。國防部最終採納了這個建議。事實證明，他是對的。大量戰鬥機因為機翼的加強防護而倖免於難。

從機腹的彈痕得出應該加強機腹保護的結論，是眾多簡單觀察陷阱的一類，統計學上稱這類情況為「倖存者偏差」。

【點評】

表象往往使人迷惑，真相往往在偽裝背後。撥開層層迷霧，始見真相。如何找到問題的本質需要系統的思考。

反經驗

對經驗豐富的人，涉世未深的人總是投之以敬仰的眼神。但我們也要認清，長期固化的經驗，可能成為固步自封、止步不前的基石，甚至成變革或創新的絆腳石。

【案例】以毒抗毒治天花

據文獻記載，每當人們得了天花，因古法沒有作用而無法救治，病毒有強傳染性，導致很多人喪命，天花在古代也成為生命的殺手之一。經過多年的就診經驗，宋朝的醫生發現一些抵抗力強的人，天花發病後，能夠經過救治暫時抵抗病毒的折磨。而且發病時在皮膚上出現的痘乾結後，收集起來磨成粉末，可以當作救治天花病患者的藥物。後來，這種天花免疫技術經波斯、土耳其傳入歐洲。直至西元一七九八年，英國醫生詹納（Edward Jenner）借鑑「痘痂粉治天花」的原理研製出了更安全的牛痘，為人類徹底根治天花做出了決定性的貢獻。

【點評】

經驗總結是良法，痘痂治病反常理。有時是以毒攻毒、負負得正。

【案例】電流磁效應的發現

西元一八二〇年，奧斯特（Hans Christian Ørsted）發現電流的磁效應，受到科學界的關注，法拉第仔細地分析了電流的磁效應等現象，認為既然電能夠產生磁，反過來，磁也應該能產生電。於是，他試圖從靜止的磁力對導線或線圈的作用中產生電流，但是努力失敗了。

經過近十年的不斷實驗，到西元一八三一年，法拉第（Michael Faraday）終於發現，一個通電線圈的磁力雖然不能在另一個線圈中引起電流，但是當通電線圈的電流剛接通或中斷的時候，另一個線圈中的電流計指標有微小偏轉。法拉第心明眼亮，經過反覆實驗，都證實了當磁作用力發生變化時，另一個線圈中就有電流產生。他又設計了各式各樣的實驗，例如

兩個線圈發生相對運動，磁作用力的變化同樣也能產生電流。這樣，法拉第終於用實驗揭開了電磁感應定律。法拉第的這個發現掃清了探索電磁本質道路上的攔路虎，開通了在電池之外大量產生電流的新道路。根據這個實驗，法拉第發明了圓盤發電機，這是法拉第第二項重大的電發明。這個圓盤發電機，結構雖然簡單，但它卻是人類創造出的第一個發電機。現代世界上產生電力的發電機就是從它開始的。

【點評】

有準備的人和勇於思考的人，都是上天所寵愛的天使。走出既有的舒適圈，重新排列組合身邊的資源，有時全新的事物便會出現在你的眼前。發明創造的道理懂的人不少，但很多人往往都會被經驗所束縛。

【案例】反經驗設計思維，成就高級防震建築

一九七二年，尼加拉瓜共和國首都馬納瓜發生了大地震，一座現代化城市頃刻間變成了一片瓦礫，房屋被震毀，死亡萬餘人。但令人驚奇的是，一片廢墟中唯獨一棟十八層的高樓竟安然屹立，而大廈正前方的路面因地震出現了上下達半英寸的錯位，這棟大廈就是美洲銀行大廈。這一奇蹟，轟動了全球。

經過研究人員的調查考證，奇蹟大廈的出現，在於大廈設計師的巧妙構思和設計。這名設計師叫林同炎，是著名的美籍

華人工程結構專家。他在設計美洲銀行大廈時，試圖設計一幢震中不會出現房屋崩裂的大廈，但是無論如何都沒有辦法解決建築材料在強大外力作用下不變形、裂開的問題。就在他一籌莫展之際，忽然想到如果不把思維的重點放在正面（因為放在正面不能徹底解決防震問題），而是把思維著重放在反面呢？於是，在多方篩選測算後，他採取了框筒結構。這種結構和一般結構不同，具有剛柔相濟的特點：在一般受力的情況下，建築物有足夠的剛度來承受外力，而當受到突如其來的強烈外力時，可由房屋內部結構中某些次要構件的開裂使房屋總剛度驟然減弱，從而大大減少主要構件建築材料承受的地震力。這種以房屋次要構件開裂的損失來避免建築物倒塌的設計思想突破了一般常規的思維框架，突破了以剛對剛的正面思維模式，從而創造了世界上少有的奇蹟。

【點評】

保護與破壞是對立的，而對立的雙方一旦相互補充，便可共存共生。這是老子的辯證法。

不遺餘力的保護，就像「唇亡齒寒」的道理一樣，並不一定能夠真正實現保護的作用。而破壞與保護相互依存，就可發揮作用，共同構成完整的功能。

「反者道之動」，學好老子的辯證法，對啟迪創新有不小的價值。

反習慣

肌肉的記憶讓我們行為舉止重複地出現，語言的習慣讓我們張口就來口頭禪。好習慣是打開成功的鑰匙，壞習慣是邁向地獄之門。

【案例】盲人點燈

一個盲人到親戚家做客，彼此聊得非常開心，天黑了才想到要回家了。盲人在離開前，這位親戚好心為他準備了個燈籠，說：「天晚了，路上太黑，你打個燈籠回家吧！」盲人聽到親戚的話，頓時生氣地說：「我這麼一個瞎子，還需要什麼燈籠，這分明就是在嘲笑我吧？」親戚說：「天黑路不好走，誰都看不見誰，你打著燈籠別人尋著光亮就可以看到你，也不至於撞到你了。」

【點評】

大家都認為，瞎子點燈白費蠟，順著這個邏輯想下去，那瞎子不需要買蠟燭，也不需重點蠟燭。

但事情總是辯證對立的，我們的思維的目的在於解決問題，不僅僅要考慮事物的正面，而且更要擅長於從對立面來發現問題的所在。

【案例】尋找有溫度的神石

亞歷山大帝王圖書館發生了火災，館藏圖書被焚燒殆盡，僅有一本不貴重的書得以倖免。有一個識字不多的窮人，買下了這本書。書中並未記載任何有特殊價值的內容，但裡面藏著一張薄薄的羊皮紙，吸引了書的主人的注意，

上面記載了點鐵成金的祕密。所謂點鐵成金，就是存在一塊神奇的小圓石，它能把任意一塊普通的金屬瞬間變成純金。羊皮紙上這樣寫到：這塊神奇的小圓石就在黑海邊，但從外觀上看奇石跟海邊成千上萬的石頭沒什麼區別。

關鍵在於，神奇小圓石摸起來是溫的，沒有普通石頭那麼冰涼。窮人被這點石成金的祕密吸引，變賣了自己的所有家當，輕裝簡行來到了黑海邊，駐紮在海邊開始尋找神奇的小圓石。經過思考，如果他把拾到的普通石頭仍然放在原地的話，他會重複地撿到已經摸過的普通石頭，增加尋找神奇小圓石的工作量。為此，他決定每拾起一塊普通石頭便將它投向海面。如此，一天、一個月、一年、二年、三年……他毫不氣餒地堅持著自己的夢想。直到有一天早晨，他信手拾起了一塊石頭，感覺到手裡是溫的！但還是將石頭扔到了海裡。他已經習慣了向海裡扔石頭的動作，以至於當他夢寐以求、苦苦尋覓的奇石出現時，他仍然習慣性地把它扔到了海裡。

【點評】

順著正常的邏輯，這個案例似乎不能證明老子的思想，講的是習慣的慣性作用。

但如果主人翁學過老子的哲學，不把石頭扔到海裡，而是反其道而行之，把普通石頭堆在海灘上。那將是另外一番情形。

在追求夢想的路上總是痛並快樂著，習慣了原有的模式和慣例，往往會陷入固步自封、墨守成規的禁地。習慣成為我們繼續向前的阻礙和禁錮。打破原來的慣例思維，反習慣而行之，以尋求昇華和突破。

反功利

「君子喻於義，小人喻於利」是儒家的「義利觀」，在財富問題上，道家還有一些告誡：一是對財富的追求要適可而止，不可貪得無厭；二是即使富裕了，也還要節儉；三是要扶危濟困，不能為富不仁。老子要求我們：順其自然，以平常心對待名利。

【案例】劉伯溫拒當丞相

朱元璋登基稱帝后，給昔日與他並肩作戰的將領們加官進爵。其中，李善長作為最早跟隨朱元璋起義的人之一，因在行軍打仗中對朱元璋忠心耿耿，被封為丞相。但是做了宰相後的李善長，開始越來越貪圖享受、心胸越來越狹窄，在朝中結黨營私，暗中生亂。非常敏感的朱元璋也覺察到了這位李丞相的陰暗面，因此對李善長產生了很大的不滿，考慮許久決定要換一位丞相。這天，朱元璋特地召見劉伯溫，想聽聽他的意見。

劉伯溫聽了朱元璋的想法，心裡一驚，心想這般關係國家社稷前程的大事，絕對不可小覷。於是，便勸說朱元璋道：「善長是大明的功臣，一直深受各位臣工的愛戴，他在丞相位上，完全可以調和諸將，利於上下同心。依臣下之見，還是不換為好。」

朱元璋聽了劉伯溫的勸告，頓時一驚，隨口說了一個字：「啊？」平時李丞相時不時地借機誹謗劉伯溫，甚至想加害於他，但此時劉伯溫卻在為李丞相說話。朱元璋把自己的驚訝告訴了劉伯溫，劉伯溫微笑著說：「他想加害我，這是私人恩怨。更換丞相，乃是朝廷大事。臣下怎麼敢以公報私、以小損大呢？」

劉伯溫語重心長、情真意切，朱元璋深受感動。宰相肚裡能撐船，伯溫果然如此，正當是丞相的合適人選。於是，朱元璋滿臉堆笑，高興地對劉伯溫說：「先生有如此的氣量，真是難得。如今我的這個丞相，就要先生你來當了。」

劉伯溫聽後，連忙跪倒在地，拜辭道：「不行！這事就好像是給房屋更換梁柱，必須使用大木。臣下乃是一根小木，怎麼可以呢？否則，那房子是會倒塌的呀！」

朱元璋聽了，半晌沒有做聲，想到朝中李善長勢力龐大，劉伯溫也確實有自己的難處，最後只好算了，說道：「以後再說吧！」

【點評】

功成名就、財富滿堂，誰人不想？絕大部分人日夜追逐。劉伯溫對到手的高官厚祿卻推之再三，反其道而行之，其自知之明與淡泊名利彌足珍貴。

在適當的時候獲得合理的財富和功名，老子是不反對的，但懂得拒絕、懂得捨棄更是品格高潔。

【案例】功成身退的張良

在秦漢謀臣中，張良比陳平思慮深沉，比蒯徹積極務實，比范增氣度寬宏。他與蕭何、韓信並稱為漢初三傑，卻未像蕭何那樣蒙受鋃鐺入獄的凌辱，也未像韓信那樣落得兔死狗烹的下場。

自從高祖入關，天下初定，張良便託辭多病，閉門不出，屏居修練道家養生之術。漢六年（西元前二〇一年）正月，漢高祖剖符行封。因張良一直隨從畫策，待從優厚，讓他自擇齊地三萬戶。張良只選了萬戶左右的留縣，受封為「留侯」。他曾說道：「今以三寸舌為帝者師，封萬戶，位列侯，此布衣之極，於良足矣。願棄人間事，欲從赤松子（傳說中的仙人）游。」

隨著劉邦皇位的漸次穩固，張良逐步從「帝者師」退居「帝者賓」的地位，遵循著可有可無、時進時止的處事準則。在漢初消滅異姓王侯的殘酷鬥爭中，張良極少參贊謀劃，在皇室的明爭暗鬥中，也恪守「疏不間親」的遺訓。

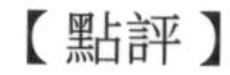

【點評】

羅素（Bertrand Arthur William Russell）說過：「人類最大的、最主要的欲望是權力和榮譽欲。」權力與榮譽是最難擺脫的誘惑。功成名遂身退，幾人能做到？張良能夠善始善終，讀懂了老子的「功成名遂身退」的忠告，克服了人性的貪婪。

【知識連結】劉伯溫

劉基（西元一三一一年七月一日至西元一三七五年五月十六日，字伯溫，青田縣南田鄉（今屬浙江省文成縣）人，故稱劉青田，元末明初的軍事家、政治家、文學家，明朝開國元勳，明洪武三年（西元一三七〇年）封誠意伯，故又稱劉誠意。武宗正德九年追贈太師，諡號文成，後人稱他劉文成、文成公。劉基通經史、曉天文、精兵法，與宋濂、葉琛、章溢合稱浙東四大名士。他輔佐朱元璋完成帝業、開創明朝並盡力保持國家的安定，因而馳名天下，被後人比作諸葛武侯。朱元璋多次稱劉基為：「吾之子房也。」在文學史上，劉基與宋濂、高啟並稱「明初詩文三大家」。中國民間廣泛流傳著「三分天下諸葛亮，一統江山劉伯溫。前朝軍師諸葛亮，後朝軍師劉伯溫」的說法。他以神機妙算、運籌帷幄著稱於世。

反方法

【案例】孫臏智勝魏惠王

孫臏是戰國時著名兵家，初到魏國時，求見魏惠王，這位魏惠王是一個心胸狹窄、妒忌心極強的人，因此想故意刁難孫臏。魏惠王對孫臏說：「聽說你挺有能耐的，現在本王想考考你，如果你能想辦法讓本王從座位上走下來，本王便任用你為將軍。」魏惠王竊喜，心裡想：我就是不離開這個座位，看你能奈我何！孫臏思忖片刻，覺得惠王賴在座位上不離開，也不能強拉硬拽，這是要犯死罪的，於是孫臏便向魏惠王請求道：「小的不才確實沒有辦法使大王從寶座上走下來，但是我卻有辦法讓惠王您坐到寶座上。」魏惠王心想，這不是一回事嗎，本王就站著不坐下，看你又能奈我何！自以為是的魏惠王便樂呵呵地從座位上走了下來。此時的孫臏馬上說：「我現在雖然沒有辦法使您坐回去，但我已經使您從座位上走下來了。」魏惠王方知上當，只好任用他為將軍。

【點評】

逆向思考何其重要。在解決實際問題的同時，如果能夠逆轉平常的慣性思考模式，從反面想問題，有時更能撥雲見霧、豁然開朗，得出一些創新性的設想。

【案例】赫魯雪夫的「反轉」

一九五六年史達林（Iosif Vissarionovich Stalin）逝世後，赫魯雪夫（Nikita Khrushchev）在蘇聯共產黨的一次代表大會上再次揭露、批判史達林肅反擴大化等一系列錯誤。聽眾席中傳來了一張紙條，工作人員將紙條遞給了在講臺上的赫魯雪夫。赫魯雪夫隨手打開一看，上面赫然寫著：那時候你在哪裡？問題之尖銳讓赫魯雪夫心裡一顫。但在這個公開的場合中，赫魯曉夫不能有憤怒，也不能不回答，迴避就等於承認自身的懦弱和自私。

思考片刻，赫魯雪夫拿起紙條，大聲地在會場上說道：「這是誰寫的紙條？請你馬上站出來，上臺來。」結果，會場一片寂靜，所有人的心都在怦怦地跳著。

見此情況，赫魯雪夫又大聲重複了一遍：請寫條子的人站出來！會場仍然一片寂靜。幾分鐘過去了，赫魯雪夫終於又開口了，他平靜地說：好吧，我來回答你的問題，我當時就坐在你現在坐的那個地方。

【點評】

搶占先機，巧妙反轉，常常出乎意料。在陷入「圍城」困境的時候，是否可以跳出包圍圈，以旁觀者、第三人的視角去考慮問題，對於領導者而言是非常重要的能力。

【案例】電晶體的革命

一九五〇年代，世界各國都將科學研究的關注點放在了「鍺」這一製造電晶體的原料上，其關鍵技術便是如何提高鍺的純度。日本的科學研究專家江崎與其助手在長期的研究過程中，經由各種封閉性試驗小心操作，但提煉後的鍺總會免不了混入一些雜質。每次測量出來的參數，都會發現顯示不同的資料。一次研究過程中，江崎試探著有意添加進少許的雜質，結果意外地發現，隨著雜質增加量的控制，鍺的純度驚人地降到了原來的一半，形成了一種極為優異的半導體。電晶體的發明促發了一場全球的電子革命。

【點評】

反其道而行之。變革與革命的背後都有成千上萬的人在努力並奉獻著自己的力量，而絕大多數人都在努力和奉獻的路上倒下了。「人到萬難須放膽，事當兩可要平心」。張大千這副楹聯對我們做人處事依然很有啟迪。

萬難之時需要放膽嘗試，兩可之間需要平心思考，也許芝麻之門從此打開。

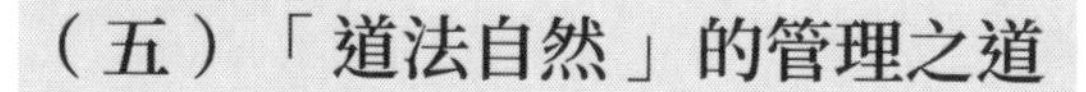

（五）「道法自然」的管理之道

【原文】

有物混成，先天地生。寂兮寥兮，獨立而不改，周行而不殆，可以為天地母。吾不知其名，強字之曰：道，強為之名曰：大。大曰逝，逝曰遠，遠曰反。故道大，天大，地大，人亦大。域中有四大，而人居其一焉。人法地，地法天，天法道，道法自然。（《道德經．第二十五章》）

【譯文】

有一個東西混然而成，在天地形成以前就已經存在。聽不到它的聲音也看不見它的形體，寂靜而空虛，不依靠任何外力而獨立長存永不停息，循環運行而永不衰竭，可以作為萬物的根本。我不知道它的名字，所以勉強把它叫作「道」，再勉強給它取個名字叫作「大」。它廣大無邊而運行不息，運行不息而伸展遙遠，伸展遙遠而又返回本原。所以說道大、天大、地大、人也大。宇宙間有四大，而人居其中之一。人取法地，地取法天，天取法「道」，而道純任自然。

道的存在先於天地萬物的存在，而且無時無刻不在發揮著作用，永無止息。道不是人類社會的產物，暗含著深不可測的奧祕，所以需要人們去不斷地摸索和探尋。但需要認識的一點是：老子所謂的道，不僅僅指道路、規律或規則，更是指天地萬物的歸宿與源頭，就像人類及人類賴以生存的地理環境、天時變化都是道的安排。

那我們不禁要問「道」是從哪裡來的，「道法自然」即道自己就是這樣的狀態。域中四大，人居其一，人的「大」不在於體格，而「大」在人的心智與精神，以及透過人與人之間建立關係而形成的凝聚力。所以，老子認為人這一主體，可以藉由修練、學習，提升自己的認識能力和領悟能力，來探索道的奧祕，也可以與道共生共存，造就人類的發展。至於領導者而言，領悟「道法自然」應從尊重客觀實際，從國情、司情、民情出發，不違背規律，不片面浮誇，不以主觀為依據，提升個人修為、踐行管理實踐。

企業的競爭最終在企業文化方面的競爭。成為基業長青的企業，必須在企業文化建設上下工夫，特別在企業文化方面，也就是怎麼把公司的價值觀變成組織內每一人的行為習慣上下工夫。道為「一」，人、地、天便是緊隨其後的「〇」，遵從道的規律，便可以創造無限價值。請靜心尋找我們的管理之「道」，那是事物發展的內在規律，找到了，從此可能與眾不同。

【案例】霧都的「存亡」

英國歷經兩百餘年工業化的歷程，一直忽視空氣汙染對國民帶來的危害。一場可怕的災難在一九五二年降臨了，在「倫敦煙霧事件」中，僅四天內就有四千人遇難。倫敦地處泰晤士河河谷地帶，高壓中心控制著城市，連續幾天城市中沒有風。

正值冬季，倫敦城裡大量採用燃煤進行取暖和工業生產，致使大量的廢氣、粉塵排至空中，並與溼氣凝結形成大霧，將整個城市團團籠罩著，市區的能見度不足幾英尺。剛開始，絕大多數倫敦人以為僅僅是這幾天「霧大了一些」，然而接著噩夢降臨了。大量飽含硫化物和粉塵的大霧，直接對人們的呼吸道造成了威脅，大量黑色粉塵的吸入，堵塞了呼吸道，人們呼吸困難，眼睛刺痛，流淚不止。

倫敦醫院內因呼吸道疾病來就診的患者急劇增加，醫院人滿為患。僅在這四天時間裡，倫敦市就有四千人死亡，一週內七百〇四人因支氣管炎死亡，兩百八十一人因冠心病死亡，兩百四十四人因心臟衰竭死亡，七十七人因結核病死亡。除此之外，肺炎、肺癌、流行性感冒等呼吸系統疾病的發病率也有顯著增加。直到五天後瀰漫的大霧才漸漸散去。大霧的消散並不代表噩夢的結束，在此後的兩個月內，八千個生命相繼離世，航班取消，汽車白天行駛都需要開大燈，人們摸索著前行。此後的幾年內，因工業化引起的煙霧事件一直困擾著倫敦。

對於嚴重影響民眾健康的城市環境，英國政府於一九五六年頒布了《清潔空氣法》，法律規定在倫敦城內的燃煤火電廠都必須關閉，要求在英國一批城鎮裡設立無煙區，區內禁止使用產生煙霧的燃料。還要求大規模改造城市居民的傳統爐灶，減少煤炭用量。並相繼頒布了一系列「霧都事件」解決方案：

並輔之以 PM10 和 PM2.5 指標監測、交通治理、企業合併物資運輸、提倡環保生活等方式治理霧都。

二〇一三年，倫敦空氣品質評測為「低汙染」，其中氮氧化物一級、臭氧一級、可吸入顆粒物（PM10）二級、可吸入肺顆粒物（PM2.5）二級、硫化物一級（數字越低表示汙染越輕）。

【點評】

人類的覺醒與幸福，需要忘記人是大自然最偉大的孩子。一旦人類認為是大自然最偉大的孩子，就要改造自然，就想「人定勝天」，於是悲劇就會接踵而至。

人與自然的和諧相處，是人類社會永續生存的前提，即「道」。取法「自然」，與自然友好共存是人類發展的長久之計。

（六）「為而不爭」的競爭心態

【原文】

不尚賢，使民不爭；不貴難得之貨，使民不為盜；不見可欲，使民不亂。（《道德經．第三章》）

【譯文】

不推崇賢能，使百姓不爭；不看重稀有的珍寶，使百姓不去爭盜；不顯示勾引人欲望的東西，使百姓人心不亂。

【原文】

江海之所以能為百谷王者，以其善下之，故能為百谷王。是以聖人欲上民，必以言下之；欲先民，必以身後之。是以聖人處上而民不重，處前而民不害。是以天下樂推而不厭。以其不爭，故天下莫能與爭。（《道德經·第六十六章》）

【譯文】

江海之所以能夠成為百川河流所匯往的地方，乃是由於它善於處在低下的地方，所以能夠成為百川之王。因此，聖人要領導人民，必須用言辭對人民表示謙下，要想領導人民，必須把自己的利益放在他們的後面。所以，有道的聖人雖然地位居於人民之上，而人民並不感到負擔沉重；居於人民之前，而人民並不感到受害。天下的人民都樂意推戴而不感到厭倦。因為他不與人民相爭，所以天下沒有人能和他相爭。

【原文】

吾有三寶，持而保之：一曰慈，二曰儉，三曰不敢為天下先。慈故能勇；儉故能廣；不敢為天下先，故能成器長。今舍慈且勇；舍儉且廣；舍後且先；死矣！夫慈，以戰則勝，以守則固。天將救之，以慈衛之。（《道德經．第六十七章》）

【譯文】

我有三件法寶執守而且保全它：第一件叫作慈愛；第二件叫作儉嗇；第三件是不敢居於天下人的前面。有了這柔慈，所以能勇武；有了儉嗇，所以能大方；不敢居於天下人之先，所以能成為萬物的首長。現在丟棄了柔慈而追求勇武；丟棄

了儉嗇而追求大方；捨棄退讓而求爭先，結果是走向死亡。慈愛，用來征戰，就能夠勝利，用來守衛就能鞏固。天要援助誰，就用柔慈來保護他。

【原文】

善為士者不武，善戰者不怒，善勝敵者不與，善用人者為下。是謂不爭之德，是謂用人之力。是謂配天，古之極。（《道德經·第六十八章》）

【譯文】

善於帶兵打仗的將帥，不逞其勇武；善於打仗的人，不輕易激怒；善於勝敵的人，不與敵人正面衝突；善於用人的人，對人表示謙下。這叫作不與人爭的品德，這叫作運用別人的能力，這叫作符合自然的道理。

【原文】

天之道，不爭而善勝，不言而善應，不召而自來，繟然而善謀。天網恢恢，疏而不失。（《道德經．第七十三章》）

【譯文】

自然的規律是，不鬥爭而善於取勝；不言語而善於應承；不召喚而自動到來，坦然而善於安排籌畫。自然的範圍，寬廣無邊，雖然寬疏但並不漏失。

之所以列出以上種種，只為證明一點：老子對「為而不爭」的哲學思想是持續不斷、反反覆復地講。

「大道忌巧，謙退不爭，不伎不求」，這是曾國藩的話，意思是天道規律最忌諱投機取巧，提倡謙沖退讓不與人爭先，不妒忌，不貪求。「不爭」是道家思想的精髓之一，與「無為」相應相和，成為《道德經》的「主經脈」。

老子所提倡的「不爭」，包括治國理政的思想、修養身心的方法、攻伐用兵之策；但「不爭」的目的在於順應「天之道」，天下歸心，不戰而勝，清淨而樂活。至於「不爭」的方法，可以分為不故意凸顯有價值的事物、處下謙卑、不搶先不出頭、不輕易動用武力、不隨意憤怒、不正面交鋒等。

無論是在戰場中，還是在商業市場中，老子的「不爭之德」都有極高的理論與實戰的借鑑價值。

「軍事衝突」、「恐怖組織」已成為當今世界和平的巨大威脅。「盜獵動物」、「資源爭奪」、「價格戰」、「地王」等詞的出現也在印證著「爭」給社會或群體帶來的損失。反思現狀，我們不得不警醒，老子所提倡的「不爭」，是否需要成為商業領袖、團隊領導者、軍事強人、民族英雄可資借鑑的另一座右銘。勝的結果應該是雙贏或多贏，而非你死我活的零和博弈。

人類社會成功的意義應該是人與自然、人與人、人與社會的和諧，而非人類所賴以生存的生態系統的失衡。

【案例】廉頗與藺相如：將相和

趙王從澠池歸來，認為藺相如功勞最大，遂拜相如為上卿，其官位居廉頗之上。廉頗認為自己功勳卓著，藺相如僅以

口舌之勞，卻位居他上，便說：「我若遇見藺相如，一定要侮辱他一番。」

相如聽到後，為避免與廉頗相見，每天上朝，都假稱自己有病，不想和廉頗相爭。不久，相如外出，遠遠就看見廉頗，遂驅車避開廉頗。於是，相如的門客們勸諫他，甚至想辭相如而去。相如便極力勸說他們：「你們認為廉頗比得上秦王嗎？」門客們都說：「比不上。」相如又說：「以秦王的威武，我都敢在大庭之上叱責他，並侮辱他的大臣。我雖愚笨，難道還畏懼廉頗將軍嗎？我所掛念的是，強秦之所以不敢對我趙國用兵，是因為有我二人俱在。如若我二人相鬥，勢必不會同時生存，我所以這樣做，是把國家利益置於首位，個人私仇放在後面。」

廉頗聽到後，很是慚愧，便赤臂負荊，由賓客引到相如門前請罪。自此以後，他們二人結為生死之交。

【點評】

不爭求和，以國為重，胸懷大格局；負荊請罪，知錯就改，心存大美德。功利之爭是人類追求私欲所導致的，也曾導致禮崩樂壞、戰亂不已、政權更迭、民不聊生。團隊的領導者為了顧全大局，常常需要忍辱負重，相忍為公。

【案例】曹節讓豬

曹節（曹操的祖父）為人寬厚、豁達。一天，他的鄰居家圈養的一頭豬丟失了，鄰居心急如焚，在村裡村外找了個遍，結果都沒找到。後來，鄰居在曹節家的豬圈裡，發現了一頭豬，仔細辨認後越看越像他自己家丟的那頭豬。於是，便指責曹節，把別人家的豬關在自己家的豬圈裡，實在是不道德。這位鄰居從容地將豬趕回了自己家的圈裡。

曹節很清楚，鄰居趕走的那頭豬是自己家餵養了好幾個月的豬，不是鄰居家丟失的那頭，但鄰居指責並強行趕走豬的行為，並未讓曹節生氣。

街坊鄰里深知曹節為人正直仁厚，有人為他打抱不平，說：「分明是你家的豬，眼看著被別人趕走，你怎麼不說話、不爭論呢？」曹節微笑著說：「那確實是我家的豬，但都是鄉里鄉親的，不用計較太多，丟了豬的人心裡都很急，有一頭豬趕回自己家裡之後，心裡會好受很多。」

過了兩天，鄰居發現自己丟失的豬大搖大擺地回到自己圈裡了，趕回來的豬竟然不是自己家的。這下真相大白了，鄰居對此事十分慚愧，並主動向曹節致歉。曹節仍然微笑著說：「沒事沒事，都是鄉里鄉親的就為一頭豬爭來爭去的，不值得，遠親不如近鄰，和為貴啊。」

【點評】

不爭是一種大智慧，但也不是無原則地不問是非，而是寬厚地為人處世，以時間換取空間。

有時爭可生仇恨，爭可藏殺機，是致亂之源。國家建交、行業競爭、人群社交都是如此，有時需要忍一時之氣，讓一寸空間，化敵為友，消仇為和。

組織在處理與利益相關者關係、員工溝通、跨部門溝通等疑難問題的時候，遵循「不爭」的策略，會收到意想不到的效果。

不自我表現，不自以為是，不自我誇耀，不自我矜持。學習典範，跟隨領跑者，成長的路上不孤單。「敢為天下先」與「不敢為天下先」，都是一種策略。

在利與名的面前，能做到持續地堅持自我定位和原則才能成為真正的勝利者。

（七）「虛其心」的治理之道

【原文】

聖人之治，虛其心，實其腹。弱其志，強其骨。常使民無知無欲，使夫智者不敢為也。（《道德經 · 第三章》）

【譯文】

聖人的治理方法是，使其心無所求，使其腹中有食物（不致飢餓），使其思想單純，強化其體魄與筋骨。常常令人民沒有太複雜的思想，沒有未滿足的欲望，使有機智的人不敢恣意妄為。

松下幸之助曾說：「聰明人往往連最簡單的事都做不了。」驕傲的人才並不能切實地發揮其個人的才智。不能發揮才智的原因就在於「不虛心」。中國人常說「三個臭皮匠頂個諸葛亮」，藉以告誡聰明人要學會謙虛謹慎，「三人行必有我師」告誡人們不可狂妄自大。

在老子看來，聖君明主治國理政的方法在於讓百姓吃飽肚子，然後無欲無求，民眾要有強健的身體，但不去爭強好勝。百姓安居樂業，沒有圖謀的心思，天下便少了戰爭，沒了爭鬥，也減少了死傷和痛苦。萬惡的開端都是欲望的緣故，能夠「虛心」，就可以人類的智慧抑制自己的欲望，發揮自己的能力，一切都會有完滿的結果。統治者提倡「虛心」，百姓崇尚「虛心」，天下自然太平。

對於領導者，能夠為追隨者和下屬提供合理的薪酬和激勵措施，並營造積極努力的工作氛圍；要鼓勵學習、鼓勵創新，弱化企業或團隊中的利益導向；要將學習和創新的欲求及成果，轉化為推動企業成長和轉型的強大動力。

【案例】吳祐清閒治新蔡

東漢時，吳祐到新蔡縣任縣令一職，到任後曾有朋友獻計獻策，探討如何治理百姓。但吳祐認為，每任縣令上任都要推陳出新，致使政策朝令夕改，百姓無所適從，於是拒絕採納任何建議。而是召集百姓，把他自己的治縣方略與百姓進行分享：「我這個人沒有什麼大的本事，要治理好新蔡縣，凡事還是要依靠各位父老鄉親自己的努力，只要利於本縣農事，是造

福鄰里的事，大家盡可按照自己的方法去做，遇到難題有什麼困惑了隨時都可以找我吳祐。」至此，吳祐閒暇時，便在縣衙中讀書練字，甚為輕閒。

清閒的日子總會被認為是不務正業，偷懶放縱。一天，吳祐便被知府招到了府上，並責怪他道：「聽說你在新蔡縣任上無所事事，日子過得分外自在，這難道是你應該做的嗎？」吳祐回答說：「新蔡縣百姓甚為貧窮，其原因與前幾任縣令立下眾多的規矩有關。治理百姓應重在引導百姓，取得他們的信任，把發展生產勤於耕種的事情交予百姓自己來負責，一則可調動百姓的積極性，讓他們休養生息；二則也可以讓縣裡的狀況有所好轉。這樣下來，一年便可見效。」

一年為期，新蔡縣糧食豐收、社會治安好轉。知府到新蔡縣例行巡視，對吳祐說：「古人說無為而治，今日我終於親眼見到了。從前我錯怪了你，此時此刻想來實在慚愧。」

【點評】

頒布政策的目的就在於促進政通人和、安居樂業，這是領導者獲得擁戴的基石。朝令夕改常常會造成政局的不穩定。「無為而治」，使政府成為「守夜人」的角色是政府的最大本分與責任。

（八）「清靜為天下正」的管理目標

【原文】

大成若缺，其用不弊。大盈若沖，其用不窮。大直若屈，大巧若拙，大辯若訥。躁勝寒靜勝熱。清靜為天下正。（《道德經 · 第四十五章》）

【譯文】

最完美的事物好似有缺憾，其作用是永無止境；最圓滿的事物好似有不足，其作用是無窮無盡。最正直的東西好似有彎曲，最靈巧的東西好似有笨拙，最卓越的辯才好似有訥直（言語遲鈍，品格正直）。清靜能勝躁動，寒冷能勝暑熱。清靜無為才是天下之正道。

「清淨」即老子所講的「行不言之教」。大道自然，我們無須刻意去違背它，擾亂它，應順應規律的大勢，完成人類生存的目的。但人人為己，難免會被「色」、「音」、「味」所挾持，貪心貪念無限膨脹，最終鑄成大禍。以「靜」制動，去除憂煩、去除雜念、去除貪欲，出良策、出智慧、追求至上真理，才是世人應有的夢想。更何況是領導者呢？領導者如果是軌道列車的車身，精湛的專業技能、特有的個人魅力、完美的組織協調能力便是列車所裝載的設備，如何讓這些「設備」高效率運作呢？

首先，列車軌道要有行進的目的地，即方向；其次，列車軌道要平穩，盡量少一些彎道，保持直線行進。直線行進，使列車靜靜地順利到達目的地，不減速不折騰。清淨無為。

【案例】趙襄子學御車與白公勝駕車

晉國國君趙襄子跟著王子期學習駕馭馬車。學了沒多久便想跟王子期進行駕車比賽，但是在比賽過程中儘管換了三次馬，最終還是三次都落在了後面。趙襄子便說：「先生你駕馭馬車的技術，沒有全部教給我吧？」

王子期答道：「我駕馭馬車的技術已然全部教給了您，但您在駕車過程中使用得太過了。駕馭馬車的重點在於：關注馬的身體套在車上是否適合，駕車的人要和馬匹動作協調，這樣才能加快速度並能較快地到達目的地。但是，您在駕車的時候關注的卻是是否跑在前面，引導馬在路上跑快，不是在前就是在後，而您在落後我的時候想著趕上我，超過我的時候又怕被我趕上。您根本無法和馬相協調，也無法超過我。這便是您落後的原因所在。

春秋時期的白公勝擔憂叛亂，一次下朝後，他倒拿著馬鞭親自駕馭馬車，由於站在車上來回搖晃，馬鞭尖端刺穿了白公勝的下巴，鮮血流到了地上，他卻不知道。鄭國人聽說這事後說：「下巴都能忘記了，那是什麼原因呢？」因此說：「這種人離天道越遠，他的智慧就會越少。」也就是人的智慧只在遠處，那麼遺失的東西就會在近處。因此聖人「無為」而能夠兼併遠近的智慧，即「不必經歷就有智慧」。能夠兼顧遠近地觀察，即「不必眼見就能心明」。把握適當的時機來處理事務，借助客觀條件來立功，能夠利用萬物的性能而獲得利益，因此說：「無所作為就能成就一切。」

【點評】

「不行而知，不見而明，不為而成。」這是聖人的思想境界和處事方法。成功的人將努力重點放在問題的關鍵之處，掌握事物的內在規律、順勢而為，而不是亂用蠻力。

【案例】「蕭規曹隨」與「清淨之正」

漢惠帝劉盈登基第二年，相國蕭何年事已高身染重病。一日，惠帝親自到蕭府中探望蕭何，惠帝問蕭何：「將來誰能作為丞相的繼任者呢？」蕭何說：「誰還能像陛下那樣了解臣下呢？」漢惠帝又問他：「你看曹參如何？」蕭何表示贊成，說：「陛下英明，有曹參任丞相一職，我死也心安了。」

曹參何許人也？

西元前二〇九年，曹參在沛縣跟隨劉邦起兵反抗暴秦，身經百戰戰功卓著。劉邦稱帝後，封曹參為平陽侯。之後，漢高祖劉邦分封子孫，長子劉肥被封為齊王，曹參任齊相。天下初定，百業待興，曹參到齊國後，聚集齊國的儒生及長者百餘人，向他們請教治理百姓的良策，大家眾說紛紜，曹參一時拿不定主意。後來，聽聞當地有一個名叫蓋公的隱士，熟諳黃老學說，名望極高。曹參便盛情邀請蓋公，請教治國理政之事。

蓋公主張統治者治理天下應該清靜無為，努力讓老百姓過上安定的生活。曹參採納了蓋公的建議，盡可能地不去討擾百姓。任職九年的齊相，所屬七十餘座城池都很安定。

蕭何去世後，漢惠帝召曹參進長安，繼任相國。曹參上任後，一切按照蕭何在任時建立的規章制度、律法法規來處理政務，並未做變革。因此，也被許多大臣視為無所作為的相國。一些大臣也試圖為曹參出謀劃策，但每逢來到相國府，曹參都會請大家喝酒，岔開話題不談國事。來的大臣自己的主意都沒辦法說出口，喝到醉醺醺地各自回家去了。時間長了，漢惠帝也對曹相國的無所作為有了看法。並囑咐自己的侍衛曹窋（曹參的兒子），回家後找機會問問你爹，高祖歸天新皇上又年輕，很多國家大事都要相國來主持，而相國卻每日喝酒、不管政事，這樣下去天下怎麼能治理好啊！

曹窋趁假期回家時，遵照惠帝的話盤問了一番。曹參聽後便發火了，他罵道：「你懂得什麼，國家大事何時也輪到你來囉嗦？」還喊了僕人拿板子來，把曹窋打了一頓。受了責打，曹窋非常委屈，回宮後便向漢惠帝訴苦。漢惠帝感到很不高興。第二天，在朝堂上，惠帝便問曹參：「曹窋問你的話，是我讓他說的，你為何責打他？」曹參趕緊脫帽向惠帝請罪，並說道：「請問陛下，您跟高祖相比，誰更英明？」惠帝答道：「那還用說，我怎麼能比得上高皇帝。」曹參又說：「我跟蕭相國比，誰更能幹？」惠帝不禁微笑著說：「你好像不如蕭相國。」於是，曹參說：「陛下說的話都對。陛下不如高皇帝，我又不如蕭相國。高皇帝和蕭相國平定了天下，又給我們制定了一套規章。我們只要按照他們的規定照著辦，不要失職就是了。」一番話，讓漢惠帝頓時明白了很多。這便是「蕭規曹隨」的典故。

曹參「清淨無為」的治國之策，在漢初修生養息、恢復國力的時期發揮了極大的作用，為「文景之治」、為漢朝的強盛奠定了基礎。

【點評】

新官上任是不是必須燃起「三把火」？這是一個值得所有「新官」思考的問題。

在管理制度、規章初立，經營管理剛剛趨於穩定的時候，一動不如一靜，有時變革只會帶來許多不必要的資源浪費。

「孰能濁以靜之徐清？孰能安以動之徐生？保此道者，不欲盈。夫唯不盈，故能蔽而新成。」（見《道德經》第十五章）（誰能夠在渾濁中安靜下來，使它漸漸澄清？誰能夠在安定中活動起來，使得它出現生機？能夠保持這種境界的人，不想過分地追求。正因為他們不過分地追求，所以才能革除舊的產生新的。）

渾濁需要澄清，安定需要活動起來。這是老子的辯證法，也是管理的大道。不勞師動眾，保持既定的運作模式、經營理念，沉澱、深化既定的發展思路和文化內涵，也是重要的。

【案例】曾國藩「靜心」治癬

曾國藩在帶領湘軍與太平天國軍對峙時，時為渾身的癬疾所困擾，也曾找了許多名醫診治，都沒有見效。加上戰事緊張，常常出現精神萎靡、神情恍惚，甚至力不能支的症狀。一天，一名屬下特意引薦了一位相貌極其醜陋的游方道士，想試試是否可以治癒曾國藩的病症，道士經過一番診治，為曾開了一副藥方，藥方上寫著一個字——「靜」，並讓曾回去以後好好讀幾遍《道德經》和《南華經》。

曾國藩的學識和魄力，在清朝咸豐年間也算是家喻戶曉的，黃老之道曾早已倒背如流、銘記在心了，怎麼會是因為「不靜」而染上了疾病呢？然而，這位道人道出了其中的玄機，他說，世間凡夫俗子不僅為自己的聲譽、名利所累，更甚者為妻室、為兒女、為上級、為親友而去追名逐利，「知靜」而並一定「能靜」。總之一句話：大多身病源於心病，心病還得心藥醫，治本才能奏效。

聽取了道人的良方，曾國藩回家後重讀《道德經》，獲得了更深刻、透徹的領悟。知天之長遠，悟人生之短暫；知地之博大，悟環境之渺小。同時，癬疾也逐漸減輕了，在戰場上也節節勝利，最終獲得了大勝。

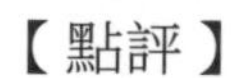
【點評】

躁動不安易染疾，清淨無為成大業。

《孫子兵法》告誡：「主不可以怒而興師，將不可以慍而致戰。」其道理如出一轍。忠告為人主者、為將帥者在不清靜的急躁時刻，如果發動戰爭，往往容易導致失敗。

凡人總被功名利祿所煩擾。世人急需認清的一點就是，我們要懂得對名利保持清靜之心。每一位頂層設計者都要有「清淨無為」的境界，靜心思考發展方向，鎮靜謀求更為高遠的創新。儒家主張「以治平為本」、「以仁為核」、「以和為貴」，道家提倡「無為而治」、「有無相生」、「道法自然」。這兩個發源於中國、傳播於世界的國學主流學派，極其深刻地影響了兩千多年的封建王朝統治，也構建了傳統思維的「基因圖譜」，是中華文化主軸的重要組成部分。

然而，在獨尊儒術、清淨無為的理念逐步滲透至人們血液中的時代，一種新的思想、理念正在逐步加入儒家、道家的行列，那就是在定中產生無上的智慧，以無上的智慧來印證一切事物真如實相的智慧，借此可以看清生命的意義，活出幸福美滿的人生，那就是「禪」。

第三章　禪與現代管理

禪是智慧的、安定的、清淨的，經由對禪的學習，可以使人的心態變得從容、安寧。

掌握禪的智慧，可以反觀自身、淨化心靈、開拓智慧、努力進取，進而由事業的成功走向人生的成功，由外在的輝煌走向內在的充實。

掌握禪的智慧還可以超越對立，獲得心靈和諧的境界

擺脫束縛獲得心靈自由的方法；結束流浪獲得心靈安頓的家園。

我們前面學習了儒家的修己安人、以和為貴、中庸之道，道家的無為而治、有無相生、道法自然。這一章主要學習禪對修心養性、經營管理、提升領導力的價值。

人類智慧極富特色，究其根底也是研究人與人、人與自然、人與自我的關係，對此，儒、道、佛三家從不同角度進行了闡釋，它們為中國傳統人生智慧提供了一個較為完整的文化圖景。

「以儒治世、以道養身、以佛修心」，成為知識分子的修行處世之道。在處理人與人、人與自然、人與自我的關係上，儒、道、佛各有側重：儒家著重處理人與人的關係；道家著重處理人與自然的關係；佛家著重處理人與自我的關係。

傳統人生智慧融儒、道、禪為一體，互補相融。儒家講入世，強調剛健有為，以天下為己任；道家講出世，強調清靜無

為，以柔克剛，安時處順；佛家講以出世的思想做入世的事業，強調萬物看空，排除煩惱，自度度人。

禪是智慧的、安定的、清淨的，透過對禪的學習，可以使人的心態變得從容、安寧。浮躁、喧囂的社會，很多人常常痛苦日盛、心靈疲憊、焦躁不安。掌握禪的智慧精髓，可以由事業的成功走向人生的成功，由外在的輝煌走向內在的充實。

一、禪是什麼？

禪是梵文 Dhyāna（禪那）音譯之略稱，意思是靜慮、思維修、棄惡、功德叢林，就是集中精神、心無旁騖、安安靜靜地思考。禪是一種集中精神與平衡心理的辦法。

禪是一種生活的智慧，透過禪，我們可以看清生命的意義，活出美滿幸福的人生；禪是一劑解決痛苦煩惱、走向快樂成功的良藥，禪是現代人的心靈良方；禪是淡淡地生活，靜靜地思考，執著地進取，直進到智慧的高地；禪是給那顆不安的心一個休憩的港灣，讓它空明通透，真實無妄；禪的精華是靜，是安靜，是寂靜，靜心凝神思大道，詳察萬物品無常，進而進入人生的最高境界；禪需要漸修頓悟，得其法，悟其要，明其義，讓我們思悟人生真諦到達更新的境界；禪是「明月松間照，清泉石上流」的空靈與明淨；是「採菊東籬下，悠然見南山」的閒適與恬然；禪是「雨後露前，花朝雪夜；釣因鶴守，果遣猿收」的清歡與詩意。總之，禪是 —— 超越對立獲得心靈和諧的境界；擺脫束縛獲得心靈自由的方法；結束流浪獲得心靈安頓的家園。

二、禪的來龍去脈 —— 從一祖到六祖

拈花微笑與一祖達摩

談到禪宗，總離不開「拈花微笑」這一美麗的傳說。有一次，天界之王在靈鷲山上向佛陀敬獻金色波羅花，請佛說法，世尊拈花示眾，並無所說。當時座下所有的弟子，都不明白佛陀這樣做含有什麼奧妙的道理，只有摩訶迦葉微笑著，因為他領悟到佛陀的道理了。

佛陀說：「正道大法是無法用眼睛看出來的，只有涅槃寂靜的心才能領會。實在的法相其實是沒有法相，這是一門微妙玄通的法門，不加注文字，是用特殊的教法傳授的，我就將這些囑託給摩訶迦葉。」這就是心傳，即所謂靈山會上正法眼藏付囑的拈花微笑，就是禪宗最初的典故。

摩訶迦葉是西天也是印度禪宗的第二祖，代代相傳，傳到了達摩大師的時候，已是西天禪宗的第二十八代。達摩大師由西印度來到東土，將禪傳到中國，被稱為中華禪宗第一祖。達摩之後傳了六代，傳到六祖惠能，開創了中國特色的禪宗。

斷臂求法說二祖慧可

二祖慧可大師，俗姓姬，虎牢（又作武牢，今河南成皋縣西北）人。其父名寂，在慧可出生之前，每每擔心無子，心想：「我家崇善，豈令無子？」於是便天天祈求諸佛菩薩保佑，希望能生個兒子，繼承祖業。就這樣虔誠地祈禱了一段時間，終於有一天黃昏，感應到佛光滿室，不久慧可的母親便懷孕了。為了感念佛恩，慧可出生後，父母便給他起名為「光」，大家叫「神光」。

慧可自幼志氣不凡，為人曠達，博聞強記，廣涉儒書，尤精《詩》、《易》，喜好遊山玩水，而對持家立業不感興趣。後來接觸了佛典，深感「孔老之教，禮術風規，莊易之書，未盡妙理」，於是便棲心佛理，超然物外，怡然自得，並產生了出家的念頭。父母見其志氣不可改移，便准許他出家。於是他來到洛陽龍門香山，跟隨寶靜禪師學佛。

慧可禪師大約在四十歲時辭別了寶靜禪師，前往少室山，來到達摩祖師面壁的地方，朝夕承侍。開始，達摩祖師只顧面壁打坐，根本不理睬他，更談不上有什麼教誨。但是，慧可禪師並不氣餒，內心反而愈發恭敬和虔誠。他不斷地用古德為法忘軀的精神激勵自己：「昔人求道，敲骨取髓，刺血濟饑，布發掩泥，投崖飼虎。古尚若此，我又何人？」就這樣，他每天從早到晚，一直待在洞外，絲毫不敢懈怠。

這樣過了一段時間，有一年臘月初九的晚上，天氣陡然變冷，寒風刺骨，並下起了鵝毛大雪。慧可禪師依舊站在那裡，一動也不動，天快亮的時候，積雪居然沒過了他的膝蓋。

這時，達摩祖師才慢慢地回過頭來，看了他一眼，心生憐憫，問道：「汝久立雪中，當求何事？」

慧可禪師流著眼淚，悲傷地回答道：「唯願和尚慈悲，開甘露門，廣度群品。」達摩祖師道：「諸佛無上妙道，曠劫精勤，難行能行，非忍而忍。豈以小德小智，輕心慢心，欲冀真乘，徒勞勤苦（諸佛所開示的無上妙道，須累劫精進勤苦地修行，行常人所不能行，忍常人所不能忍，方可證得。豈能是小德小智、輕心慢心的人所能證得？若以小德小智、輕心慢心來希求一乘大法，只能是癡人說夢，徒自勤苦，不會有結果的）。」

聽了祖師的教誨和勉勵，為了表達自己求法的殷切和決心，慧可禪師暗中拿起鋒利的刀子，「哧嚓」一下砍斷了自己的左臂，並把它放在祖師的面前。頓時鮮血染紅了雪地。

達摩祖師被慧可禪師的虔誠舉動所感動，知道慧可禪師是個法器，於是就說：「諸佛最初求道，為法忘形，汝今斷臂吾前，求亦可在（諸佛最初求道的時候，都是不惜生命，為法忘軀。而今你為了求法，在我跟前，也效法諸佛，砍斷自己的手臂，這樣求法，必定能成）。」

達摩祖師於是將神光的名字改為慧可。

三祖僧璨開先鋒

僧璨（西元五一〇至六〇六年）被稱為禪宗三祖。他到二祖慧可處請求開示佛法的典故，見於《祖堂集》記載：北齊天保初年（西元五五〇年）有一居士，不言姓氏，年逾四十，到二祖慧可處。

在禪宗發展史上，三祖僧璨是一個重要的座標。初祖達摩將禪法帶到中國，當時人們是遇而未信，至二祖慧可時，人們是信而未修，在三祖僧璨時才是有信有修。僧璨對禪宗的漢化改造發展，有幾個明顯的表現：其一，變面向達官顯貴為面向下層群眾。佛教初入中國，信仰接觸者多為貴族，僧璨改變靠上層弘法的方略，變為在村夫野老中隨緣化眾；其二，變在都市城郭建寺院為在深山僻壤布道場；其三，變居住無常的「頭陀行」為公開設壇傳法；其四，變「不立文字」為著經傳教。禪法初傳，有「不立文字」之說，主張靜坐安心漸悟。僧璨在公開弘法的同時，精心著述《信心銘》，以詩體寫成，一百四十六句，四字一句，五百八十四字，從歷史與現實、祖師與信徒、教義與修持的結合上，闡明義理，大開方便，應機施教。有學者稱《信心銘》是禪宗第一部經典，與《六祖壇經》並稱最中國化的佛門典籍，為禪宗以文字總結其修習經驗開創了理論先河。

禪宗作為佛教的一個支派，自達摩西土東來，二祖慧可斷臂求法，傳至三祖僧璨，方使之中國化，暢行於世，成為漢傳佛教中最具中國特色的宗派之一。

四祖道信宣導「農禪並重」

司馬道信（西元五八〇至六五一年），生於永寧縣（今湖北省武穴市梅川鎮），隋唐高僧，佛教禪宗四祖。

他提倡「擇地開居，營宇立象」，建立固定的傳授禪法的道場，結束了自達摩以來居無定所、行無定處的情況，並在禪法思想上，形成了戒行與禪修結合、楞伽與般若諸經相融、知解與踐行相扶、漸修與頓悟相連、坐禪與作務並舉的禪風、禪理和禪法，從而把禪宗推向了一個新的階段，成為中國禪宗史上一個重要里程碑。

道信禪師對禪宗的最大貢獻是提出「農禪並舉」的主張，並且發明了一個名詞，把出家人種地叫「出坡」。自此出家人開始種地，自己養活自己，僧人生活有了保障，使中國佛教得以發展壯大。至今正覺寺所在地安上村還把到地裡勞動叫「出坡」。道信大師對禪宗的發展和形成具有很大的推動作用。

五祖弘忍創造「東山法門」

弘忍，生於隋仁壽元年（西元六〇一年）。弘忍七歲時，被尊為禪宗四祖的道信所遇見，弘忍就被帶到了道信主持的雙峰山（又名破頭山）道場。他生性勤勉，白天勞動，晚間習禪。

永徽三年（西元六五一年）道信把衣缽傳給他。道信圓寂後，弘忍繼任雙峰山法席，領眾修行。其後，參學的人日見增多，他於雙峰山東馮茂山另建道場，取名東山寺，安單接眾。因此其禪法，被稱為東山法門。後世稱他為禪宗五祖。

唐高宗上元元年（西元六七四年），弘忍逝世，終年七十四歲。

六祖惠能首開「頓悟」禪法

六祖惠能大師（西元六三八至七一三年），俗姓盧氏，河北燕山人（今河北省涿州市），隨父流放嶺南新州（今廣東新興縣）。佛教禪宗祖師，得黃梅五祖弘忍傳授衣缽，繼承東山法門，為禪宗第六祖，世稱禪宗六祖，是中國歷史上有重大影響的佛教高僧之一。陳寅恪稱讚六祖：「特提出直指人心、見性成佛之旨，一掃僧徒繁瑣章句之學，摧陷廓清，發聾振聵，固我國佛教史上一大事也！」

惠能二十四歲，父逝，家貧寒，砍柴謀生，奉養老母。一日，路過一旅店，聽聞有人大聲誦讀《金剛經》，就放下肩上的柴草，靜心傾聽。聽到「應無所住，而生其心」，豁然大悟，身心安樂。上前對念經人說：「剛才所念什麼經？從哪裡得來？」客人說：「是《金剛經》，是從蘄州黃梅縣東禪寺五祖弘忍大師那裡得來。」惠能便發心要修學禪宗。當即有一客人施捨十兩銀子。他安置了老母，便向黃梅而去。

惠能到了東禪寺，五祖弘忍收留他在寺中做雜務。過了幾個月，弘忍喚所有門人至堂下，說：「世人生死問題是最重要的，如果只求福報，不求脫離生死苦海，自性失了，福報又算什麼呢？你們各自寫一首表達自性的偈子給我看看。」

當時已升任上座的神秀和尚作偈一首：「身是菩提樹，心如明鏡臺；時時勤拂拭，勿使惹塵埃。」

惠能認為這四句話，道理雖然說得很好，只是漸次法門，不合「應無所住，而生其心」的清靜妙修的道理。於是針對此偈也做了一首：「菩提本無樹，明鏡亦非臺；本來無一物，何處惹塵埃。」惠能不識字，請人寫在牆上。

弘忍心裡讚賞惠能的境界，卻不當眾明示。晚間他拿了一根手杖，到米房去看惠能。惠能正在舂米，弘忍問：「米熟否？」惠能說：「米熟久矣，欠篩耳」。意為我參禪功夫已熟，只是未得衣缽而已。弘忍就將手杖向米袋上敲了三下，惠能心領神會。到了半夜三更，惠能就恭敬虔誠地走到五祖的臥室跪了下來，弘忍為惠能開宗就法，機教相當，心心相印，將祖傳的衣缽傳給了惠能，然後指示惠能立即離開寺廟，以免發生不測。弘忍連夜送惠能趕到九江，欲渡河時，惠能勸阻弘忍不要再送，他說：「迷時靠師渡，悟時要自度」。弘忍回到寺裡，過了三天，才普告全寺門人：我的正法已經南傳了。

惠能離開黃梅後，先後有幾百人在後面追。惠能逃過眾人追蹤，來到曹溪山中，潛心修行十五年，覺得弘法的時機已

到，就到廣州參拜印宗法師。

當天夜裡，惠能在殿中聽到兩個和尚因佛前所掛長幡被風吹動而辯論，一個說是風動，一個說不是風動而是幡動，彼此爭吵不休。

惠能說：你們不要爭了，既不是風動，也不是幡動，而是「仁者心動」。印宗法師在旁邊聽到惠能的話，認為一定是位大德高僧，就請惠能為大家開示佛法要義。惠能趁機就把弘忍傳給他的衣缽亮了出來，印宗願事惠能為師。惠能「遂於菩提樹下，開東山法門」。自此也就正式受戒為僧。

次年，慧能移住曹溪寶林寺，開講佛法達三十餘年，聲名遠播。唐玄宗先天二年（西元七一三年），惠能卒於曹溪，年七十六歲。在其門下得法弟子有四十三人，著名者有法海、神會、懷讓、行思等人，他們都是獨樹一幟的禪宗大師。

惠能宣導頓修頓悟、明心見性的禪法，在中國佛教史上掀起了一場不假他求、但明自心的革新。從慧能開始，「禪」的意義發生了根本性的轉變，從以往的禪定修行轉化成一種在人心深處、貫穿於百姓日常生活的對於真實性的體悟。研究慧能佛教思想的資料主要是《壇經》一書，它是慧能弟子或再傳弟子等所記載的慧能的言行錄。

中國僧人的說教被稱為「經」，至今也獨此一家。六祖的法號，歷來寫作「慧能」或「惠能」的均有。據說六祖本人不識字，但六祖門人法海曾記載「……專為安名，可上惠下能也。

父曰，何名惠能？僧曰，惠者。以法惠施眾生；能者，能作佛事」，此外，六祖法體真身的安放地南華禪寺亦以「惠能」為准，可知「慧能」當是訛誤。

代表東方思想的先哲孔子、老子和惠能，並列為「東方三聖人」。惠能作為在我國歷史上有重大影響的思想家之一，其思想包含著的哲理和智慧，至今仍給人有益的啟迪，並越來越受到廣泛的關注。

三、管理者為什麼特別需要學習禪？

（一）管理者禪修的意義在哪裡？

奔波紅塵中的企業家，日夜腳踏名利兩條船，慢慢被欲望、貪婪朦朧了眼睛，忙碌成了人生的代名詞，人在江湖，身不由己，透出多少世間無奈的感嘆。

在混沌中一刻都不能停息面對、應付、處理工作、人際和情感的壓力，在這個無限大的心裡塞滿了被讚譽被需要被滿足，還能留給自己心靈一個小小的角落和空間嗎？

每天給心靈放假，遠離俗務紛擾，放下執著，重拾自我。無須去那藏風聚氣、天靈地寶的風水寶地，只要你能靜下心來，時時就會體會閒雲野鶴的情懷，就有寄情於山水，忘我於星辰，採天地之精華，承萬世之聖火的境界。有人問大珠慧海禪師是怎麼用功的，他答道：「飢來吃飯困來眠。」對方說：「大

家都是這樣的啊！那他們都跟你一樣用功嗎？」大珠禪師說：「不同。他吃飯時不肯吃飯，百種需索；睡時不肯睡，千般計較。」

這句禪語的本意是說，該怎麼樣就怎麼樣，一切平常，此外，嘴巴吃飯時心也在吃飯，身體睡覺時心也在睡覺，這才合乎健康，也是智者的心理情況。普通人則不然，吃飯時不是講話、讀報、看電視，就是胡思亂想；上床時思緒紛飛、情緒起伏，入睡後迴腸百轉、亂夢連床。

禪師或智者心無二用且心無所用。心無二用是很清楚自己正在做什麼、正在講什麼、正處在什麼狀況——這是自知之明。知道當下正在發生什麼事，不會把現在的自己和過去的、未來的自己混淆起來。所謂過去的自己，是回憶過去的生活和經驗；未來的自己，是想像揣摩尚未發生的情況。這都不是智者應有的生活態度。智者、禪者只生活在現在，現在的每一秒鐘才是最寶貴的。把握現在、運用現在、落實在現在，是最充實的人生，否則不但把時間浪費掉了，也給自己帶來了不必要的困擾。

已經過去的事情，驕傲沒有必要，悔恨沒有用處。知道錯誤馬上改正，比什麼都重要。如果停留在驕傲或悔恨的心境，就把現在放棄了。反之，計畫未來是對的，但憂慮是不對的；制定目標是對的，而等待是不對的。

禪的平常心就是挑水劈柴、點火烹茶、靜聽風雨、閒看落葉。

一是企業持續發展，基業長青的需要

企業文化最終是企業家的文化，而企業家的文化就是企業家的人格的文化，企業家一些優秀的人格特徵引領企業做到了一定的層面，但企業如果需要繼續前行，並且希望基業長青的話，企業家的個人人格修練是一個必修課題，以使自己的人格更加完善與健康，並且這個個人修練必須親力親為，無人能夠代替。

文化說得通俗一點就是習慣，就是改變舊習慣養成新習慣的過程，就是領導者發揮示範作用，帶動團隊與個人模仿的過程，就是從共識到共行到共成共用的過程。

二是企業競爭的需要，企業的競爭，最終是企業家智慧的競爭

在待遇、文化、技術、產品等同質化現象越來越嚴重的今天，要保持一個企業家的領導力與企業的競爭力，企業家必須在個人智慧層面得到快速的提升，智慧的成長不同於知識、技術或能力的提升，後者可以經由學習、記憶或訓練而得到，智慧需要經過領悟而後才能成長。如何領悟而得到智慧，一些智者提供了一些成功的經驗：蘇格拉底以其蘇格拉底式的提問而聞名於世；曾子以「吾日三省吾身」反思自稱；從佛陀拈花一笑到禪宗六祖惠能主張「頓悟」，禪宗更是把領悟推到了前所未有的高度。

三是企業家個人成長的需要

企業家作為一個獨立的個體，他們在承擔企業和社會的責任的同時，個人會面對巨大的壓力和困惑，這使得很多企業家身心疲憊，痛苦不堪，如果處理不好，反過來也會影響企業的發展。

參悟禪的經典，禪修身心，自在瀟脫，至善至樂。以止觀雙修，明心見性，達到心靈激蕩，直指人心，實現激發內在潛能，釋放壓力，讓內心求得清淨，真正達到返璞歸真、回歸本心的境界。同時喚醒智慧，重建健康、快樂、智慧的人生目標。

禪修不僅可以提升自己的人生境界，逐漸減少煩惱的困擾和貪欲、嗔恚、愚癡的束縛，逐漸讓心靈淨化及得解脫自在，使自己向善、向覺悟解脫的方向前進。

總之，博大而圓融的禪思想，開拓了我們的思維方式，開啟了我們生命與智慧的源泉，引導我們回歸寧靜、安詳、自在的心靈家園。

最終保證企業家具備健康的身心投入到自己的事業。

（二）走進「禪境」

下面就談談我們如何保持「寧靜、喜樂的陽光心態」，正確「紓解壓力」以達到「放下」的禪境。

創造寧靜、喜樂的陽光心態

1. 病由何來

傳統文化認為，萬病皆由心生，促進身心健康就在於養心。「養心」就是要保持心理健康，當我們做到了自知、自然、自律、自在、自重和自安，我們的心情才會愉快，心態才會平和，精神才會飽滿，身體也就自然而然地健康無恙了。

專家認為健康有以下四要素：

一是積極樂觀的心態。在快樂時大腦會產生一種多巴胺，這種物質可以增加人體的免疫力。而憂鬱的狀態、心情低落甚至是暴怒的時候，有害物質的濃度都將增加，對各種器官的損傷也會加大。

二是充足的睡眠。睡眠的時候，身體會進行清理及細胞修復工作，讓人從疲勞狀態恢復過來。

三是適量的運動。生命在於運動，關鍵是適量。

四是均衡的營養。吃得好不等於吃得營養，吃得營養不等於營養均衡，營養的最高境界就是均衡。以上的四大要素，其實是相連的，但最最重要的，應該是積極樂觀的心態。

【案例】心生種種法生，心滅種種法滅

西元六五〇年（真德女王四年）元曉與義湘為了向唐玄奘學習從印度學到的新知，兩人於前往中國唐朝的路上被當作間

諜抓捕。西元六六一年（文武王元年）元曉又與義湘前往唐朝，在唐項城（今京畿道華城市）夜晚遇大雨，所幸路旁有一洞穴，二人便進去避雨。洞穴中漆黑一片，什麼也看不清楚，兩人就休息了。半夜元曉覺得口渴難耐，起來意外摸到身旁有一瓢水，便端起來喝掉了，當時覺得是此生喝過的最香甜的水。他謝過菩薩後繼續睡去。次日早上醒來一看，不禁一驚，原來二人所在的洞穴是一個很大很舊的墳墓，旁邊還有一個頭骨。

元曉這才意識到，昨晚喝的水原來是頭骨裡的汙水，胃不禁翻騰起來。從此事他也領悟到菩薩的話「心生則種法生，心滅則骷髏不二」的真正含義，即：一切唯心造。他意識到三界唯心，萬法唯識，心外無法，胡用別求；世界上並沒有極樂世界，此生也有極樂可尋，因此不需要去遙遠的中國學習佛法。於是當日元曉與義湘分別，回到了新羅。

此後他心境空靈，身居芬皇寺，研究佛經，著作無數。此間與瑤石公主生下一子，即薛聰（新羅學者），自稱「小性居士、卜性居士」。他走入百姓生活，致力於佛教的大眾化，還寫出了以減輕苦痛嚮往自由為內容的「無礙歌」。

【點評】

南懷瑾認為：「以佛法來講，一切人生理上的病，多半是由心理而來，所謂心不正，心不淨，人身就多病。什麼叫淨心呢？平常無妄想、無雜念，絕對清淨，才是淨心。有妄想，有雜念、有煩惱，是因喜怒哀樂、人我是非而來的。」現代醫學表明，七成六的疾病都是情緒性疾病，養生和治病的關鍵是消除負面情緒、培養健康心態。其實，掌握了注重心理平衡，就掌握了健康的金鑰匙。

因此，要想身體健康，首先要保證自己的心理健康。正所謂：求醫不如求己，心病還需心藥醫，心藥便是最好的靈藥。

【知識連結】元曉大師

元曉大師（WonhyoDaisa）（朝鮮曆六一七至六八六年），新羅僧人，他的中心思想是「一心」、「和靜」，致力於佛教的大眾化，著作眾多，為當時佛教的普及做出了重大貢獻。俗姓薛，名誓幢，法名元曉，意為使佛教散發新的光芒。出生於押梁郡佛地村（今廣尚北道慶山市慈仁面北部）。

【案例】孫思邈巧治唐太宗的「心病」

唐朝某年，唐太宗李世民率領一班親信前往錦屏山遊覽。游罷群峰，太宗來到一潭清泉旁邊，只感到口乾舌燥。於是，他彎下身子，用手捧了幾捧清泉痛飲。飲畢，他突然看到水中有條小蛇在游動，心頭不由一陣噁心。回宮後，他便一病不起。

為了醫治皇帝的疾病，一群御醫們忙得團團轉，開了不少珍奇藥方。可是，龍體依然如故。諫臣魏徵見皇帝日漸消瘦，忽然想起了藥王孫思邈善於治療各種怪病。於是，他便立即派人去把藥王請進長安。孫思邈進京後，諮詢了皇帝發病的起

因，給他診脈，心中有數了。他說：「君體欠安，皆因您腹中有條小蛇在作怪。現在，我給您開一副藥方，再為您上山採一種特效草藥，君病則自除矣。」幾句話說得龍顏大悅。藥王當日就上了山，採來草藥，連同另一些中藥煎湯給太宗服用。太宗服藥後，頓感胸口發悶，逆氣上升，不由「哇」的一聲嘔了起來。立在一旁的孫思邈早有準備，趕快順手拿了個盆子來接。太宗嘔過之後，藥王忙把盆子裡的嘔吐物端到萬歲爺面前，面帶微笑地說：「您看，小蛇已經吐出來了，這不，它還在游呢！」太宗探頭一看，果然見一條小蛇在盆中游動，十分病立時也就去了九分。幾天後，李世民就龍體痊癒，登朝理事了。

原來，孫思邈為太宗開了一劑催吐藥，又借採「特效藥」為名，上山抓了條小蛇藏在袖中，並趁機把它放進接萬歲爺嘔吐物的盆中，以此「妙方」治好了李世民的「心病」。

【點評】

「心病終須心藥醫，解鈴還需繫鈴人。」比喻由誰引起的麻煩，仍需由誰去解決。這句成語源自一個叫法燈的和尚。據明代瞿汝稷所編佛家禪宗語錄《指月錄．卷二十三》記載：

南唐時金陵清涼寺（即今清涼山公園清涼寺）有一位泰欽法燈禪師，他性格豪放，平時不太拘守佛門戒規，寺內一般和尚都瞧不起他，唯獨住持法眼禪師對他頗器重。有一次，法眼在講經說法時詢問寺內眾和尚：「誰能夠把繫在老虎脖子上的金鈴解下來？」大家再三思考，都回答不出來。這時法燈剛巧走過來，法眼又向他提出這個問題。法燈不假思索地答道：「只有那個把金鈴繫到老虎脖子上面去的人，才能夠把金鈴解下來。」法眼聽後，認為法燈頗能領悟佛教教義，便當眾讚揚了他。後來這句話就被以「解鈴還須繫鈴人」的成語流傳下來。到了清朝，曹雪芹在《紅樓夢》第九十回中還以「心病終須心藥醫，解鈴還需繫鈴人」加以引用。

現代人的心病越來越嚴重了。

九月十日是「世界自殺防治日」。世界衛生組織發布報告稱，全球每年有八十萬人死於自殺，大約每四十秒就有一人輕生。另據統計，全球約一成的成年人有憂鬱症徵兆，歐美等發達地區的比例更高，因憂鬱而自殺的患者每年高達數十萬。高發的自殺率，不僅成為全球公共衛生的重大問題，也讓憂鬱症等精神疾病的話題再次升溫。

憂鬱症是一種常見的精神疾患，程度輕的可稱為「精神感冒」，重症則有「隱形殺手」、「精神癌症」之稱。憂鬱症的存在其實伴隨了整個人類的發展史。不同的時代和社會背景下，憂鬱症有著不同的定義和關注度。美國在西元一八四〇年心理疾病普查時，首次將憂鬱症列為七大心理疾病之一。

星雲法師認為——

貪病的對治是捨，在不能完全做到捨的時候，應該要常行知足，唯有知足才能常樂。

嗔病的對治是忍，在行忍的時候，應當行慈悲，慈能與樂，悲能拔苦，做到慈悲方名能忍，唯有能忍才能自安。

癡病的對治是覺，在求覺的時候，不忘增長自己的智慧，唯有智慧，才能覺今是而昨非。

為什麼要把貪嗔癡說為是人生的大病呢？前面已經說過，因為普通的病有害身體上的生命，而貪嗔癡則戕害我們心理上的慧命。心理上的貪病好比是身體上的胃病；心理上的嗔病好比是身體上的肺病；心理上的癡病好比是身體上的精神病。胃病大多數是由於貪吃飲食太多的緣故；肺病能爛壞人身體的內部，和嗔心能壞事一樣；精神病是自己理智不能做主，言行失常，而癡病正是做錯事的根源。勤修戒定慧，熄滅貪嗔癡。

2. 壓力從何而來

現代人工作精神壓力大，生活節奏快，如果得不到及時的調適，會感覺身心疲憊甚至導致更嚴重的身心疾患。那麼，對於現代社會的不同人群來說，哪些方面易給他們帶來壓力呢？

· **都市白領**：工作緊張。都市白領工作壓力大，精神高度緊張，生活節奏快。這類人群因長期處於高度緊張狀態下，如果得不到及時的調適，會感覺身心疲憊。久而久之，就會出現焦慮不安、憂鬱、精神障礙等心理問題和疾病。
· **離婚人士**：心靈創傷。現代人離婚率越來越高，而離婚後的受損方，往往經不起離婚的打擊，造成身心的極大傷害。

如得不到及時調適，極有可能因心理負荷過重而誘發心理疾病。

- **貧困家庭**：生活壓力。因為生活的貧困造成心理壓力過大而誘發心理疾病的人群，主要為失業、退休人員或清寒學生。
- **商界精英**：事業受挫。經常失敗或事業大起大落者，心理因失敗的打擊長期處於失衡狀態 中，如果不能自我調適，極有可能誘發精神障礙、憂鬱症等心理疾病。
- **青少年**：網路成癮。適當上網是有益的，但每天花費大量時間上網，或上一些不健康的網站，極有可能誘發心理疾病。染上網路成癮對人的心理及生理都有極大的危害。
- **投資人士**：心理失衡。從事投資，如買股票、金融產品的人，如果長期投資而又得不到及時有效的回報，或資本受損，會產生挫折感和心理不平衡。這些投資人士內心長期焦慮不安，情緒波動起伏，極有可能導致心理疾病。
- **弱勢群體**：失去信心。面對瞬息萬變的社會，有許多人因種種原因而產生不適應，如對社會上的不公現象看不慣，對他人的生活習慣不能適應，信仰泯滅而產生無歸屬感等，這些往往會導致現代人心理失衡和對生活的無望感。
- **中老年人**：缺少關愛。一項調查表明，目前老年疾病患者中五至八成是源自於老年人的心理疾病，而約七成的心理疾病是由於老年人缺少精神關懷所引起的。老年人的晚年失愛已成為誘發老年人心理疾病的一大病因。

有一個擁擠理論，這個理論指出，人口過度密集會產生一些不良反應，包括生理和心理上的退卻，讓人普遍有一種「精疲力盡」的感覺（Gove，Hughes&Galla，1979），還讓人產生越來越強的敵對情緒（Zeedyk-Ryan&Smith，1983）。在芝加哥進行的一項研究表明，高人口密度伴隨著高死亡率、家庭緊張、對嬰兒的關心下降，以及青少年的行為不端（Galleetal.，1972），還有研究表明，人口密集會導致對有限資源的競爭，從而產生緊張情緒（Jain，1987）。

3. 禪能紓解壓力

【案例】生命的豁達 —— 蘇東坡的「此心安處是吾鄉」

蘇軾在其詞〈定風波〉的序中寫道：「王定國歌兒曰柔奴，姓宇文氏，眉目娟麗，善應對，家世住京師。定國南遷歸，余問柔：『廣南風土，應是不好？』柔對曰：『此心安處，便是吾鄉。』因為綴詞云。」

背景介紹：

定國為附馬，因受蘇軾詩文案牽連，被放逐南蠻之地。柔奴雖是歌妓，但卻一路相隨，陪伴左右嘗盡堅辛，歷經數載重回京師，只一句「此心安處，是吾鄉」，短短幾字道盡了柔奴的寧靜淡遠、睿智豁達。

宋朝，蘇東坡因為「烏臺詩案」牽連了很多親朋好友，這些人被罷黜的罷黜、流放的流放。內中大名士王旦之孫王鞏被貶賓洲（今廣西境內），五年後才得以北歸汴梁。老友相見，免不得一番噓寒問暖、觥籌交錯。席間，蘇軾出於禮節問王鞏的歌姬宇文柔奴「廣南風土，應是不好？」這話純屬多此一問，因為其時在所有士子的眼中，嶺南乃蠻荒之地，窮山惡水，不好已是共識。然而，柔奴的回答卻震撼了見多識廣的蘇東坡——「此心安處，便是吾鄉」。

【點評】

柔奴的回答「此心安處，便是吾鄉」流傳千古，充滿人性的光輝與生命的達觀。情深而意長，淡定而斬截。一句絕對蒼白的話，引出了絕對濃烈的回答，進而引出了同樣濃烈的一首詞——蘇東坡的〈定風波〉。這首詞的下半闋尤為精彩：「萬里歸來年愈少，微笑，笑時猶帶嶺梅香，試問嶺南應不好，卻道，此心安處是吾鄉。」

當年飽經憂患的蘇軾的感慨，更多的來自於柔奴歷盡波劫而風雨不動的安然，那顆寧靜致遠的心。

《菜根譚》有一句話，「風來疏竹，風過而竹不留聲；雁過寒潭，雁去而潭不留影。故君子事來而心始現，事去而心隨空」。禪家有云「相由心生，相隨心滅」，當風吹來之時，竹子就和風因緣遇合，當風去之後，緣盡一切皆空，竹林恢復寧靜，風過竹不留聲，飄然而過不留痕跡。「雁過寒潭，雁去而潭不留影」，是說萬事萬物不論是長是短是苦是樂，其性本

空，事情來了盡心做，事情去後，心如常。平常心是道。不忘初心，不失本心，這需要時刻的正念，時刻的修行，稍有懈怠，便會偏離。

總結一句話：一切煩惱來自「心未安」。為何心未安？答曰：想法多，換句通俗的話說，就是妄想多，執著多。對法的執著，也是一種妄想，對禪悅的貪戀，也是一種執著。如何才能心安？答曰：放下，放下自我，放下執著。

【案例】北大畢業生陸步軒的泣不成聲與臺灣博士宋耿郎的陽光笑容

「我給母校丟了臉、抹了黑，我是反面教材。」因走殺豬一行而引起論的北京大學畢業生陸步軒站上母校的講臺，說完第一句話，幾乎哽咽。這是他首次應北大「官方」邀請回校，作為一名「另類」的創業成功者與面臨就業壓力的學生分享心得。他曾因「北大學子賣肉」而引發社會爭論甚至遭到批評。

陸步軒是受自己的母校 —— 北大就業指導中心邀請，來到「北大職業素養大講堂」的講臺。陸步軒以「眼鏡肉店」老闆的身分賣豬肉，被媒體關注，引起社會爭論甚至批評。陸步軒分享了自己就業和創業的坎坷。

無獨有偶，臺政大博士宋耿郎頂著高學歷光環，放下身段賣雞排，雖然被郭台銘數落浪費教育資源，但是宋耿郎的雞排店反而聲名大噪，一家接一家店地開，算是創業有成，一天賣超過四百片雞排，日賺將近兩萬元新臺幣。

從下鍋油炸，到起鍋灑上調味粉，宋耿郎滿口都是雞排經，博士賣雞排跌破大家眼鏡，宋耿郎還把念博士的精神用在了開雞排店，豐原店、潭子店、太平店，兩年之內，中部故鄉就開了三家店。

聽到大陸有個二十七歲的美女碩士和他一樣，頂著高學歷回到家鄉寧夏賣起烤魷魚，每天的銷售額也是大約兩萬元，宋耿郎聽來感同身受。高學歷，有人賣烤魷魚，也有人選擇賣炸雞排，宋耿郎說：行業不分高低貴賤，只要努力，行行都能出狀元。

【點評】

臺政大博士宋耿郎在滿臉陽光地說：「賣雞排讓我學會感恩。」一個北大高材生賣豬肉，泣不成聲地坦言：「我給母校丟了臉、抹了黑，我是反面教材。」源於一顆受傷的心，既有社會的歧視也有自己內心的分判（工作的高低貴賤，這個種子在心中深深扎根。）

他人怎麼看並不重要，重要的是自己怎麼看，自己的心怎麼看。一位古希臘哲學家說過：「人類不是被問題本身所困擾，而是被他們對問題的看法所困擾。」這告訴我們，合理解釋事件是消除消極情緒的關鍵。

北大畢業生賣豬肉沒什麼不好，至少說明他靠自己的能力在養活自己。」北大校長說，「並非所有的哈佛畢業生都當了科

學家、政治家。在行行出狀元的時代，大學生不管是賣豬肉還是從事其他工作，都無可厚非，從事一些比較基礎的工作，並不影響這個人有崇高的理想」。

都說「工作是平等的」，但大多數人都不願意去做街上打掃、擺地攤等勞累又「沒面子」的工作，到底應該怎樣看待「工作是平等的」這句話呢？禪是如何看待的。

為什麼不願意去做這些事，究其原因是自己的傲慢心在作用，顧及自己的面子，擔心被他人歧視。我們的這些痛苦，其來源都是貪嗔癡慢疑等這些煩惱，根本上離不開一個「我」字。

所謂「工作是平等的」，不是指事相上平等，而是指心態上的平等、不分別。在相上言，三百六十行是有分別的；在體上，諸法之自性是一體無二的。真正能意識到這一點，是要有一定的修行的。這是禪師對工作平等性的解釋。

今天整個社會處於無比浮躁的狀態，很多人卯足全力不顧一切爭名逐利，合適的追名逐利無可厚非，但把它作為生活的全部，就一定會出問題。

【原文】

名與身孰重，身與貨孰多？以隋侯之珠，彈千仞之雀，世人笑之：何取之輕，而棄之重耶？安於淡薄（同淡泊），少思寡欲；省說以養氣，不妄作勞以養形，虛心以維神，壽夭得失安之於數。得喪既經，血氣自然諧和；邪無所容，病安增劇？苟能持此，亦庶幾於道，可謂得其趣矣！（李杲《脾胃論》，李杲，金代名醫，字明之，自號東垣老人。）

【譯文】

名位與身體相比哪一個重？身體與財物相比哪一個多？若有人用隋侯的寶珠去彈射高處的鳥雀，世人必定譏笑他：何必為了一件不值錢的東西，而失掉一件貴重的寶物呢？安心於簡樸的生活和常人的地位，少一些雜念和嗜欲；少說話以存養正氣，不過分操勞以保存體力，把心放寬以保全精神，達觀地看待生死，淡然地對待得失。事（包括好事和壞事）過心寧，不患得患失，氣血自然和諧平衡；致病的邪氣不存在了，疾病還從何生出或加重呢？倘若能這樣做（安於淡泊），大概算是合於養生之道了，可以算是理解人生的趨勢與規律了。

生命對於我們只有一次，健康是人生的第一財富，說到容易做到難。提倡「安於淡泊」，並不是讓人們不思進取，安於現狀，而是不要過度地、不擇手段獲得你心中那個目標。不是讓人們刻意自苦，而是量入為出。提倡在現有的條件下改善生活，在無損於他人的前提下善待自己。所謂改善生活，善待自己，也不是養尊處優，不是鋪張浪費，是「不妄作勞」，是有效地提高生命品質。

漸漸淡去汲汲營營追求的一切，慢慢卸掉身上層層看不見的負擔，讓生命回歸春天。昨日種種，譬如昨日死，今日種種，譬如今日生。病中醒來見陽光，昏聵的心靈也該甦醒了。

【案例】李開復的生命困境

從得知自己罹患淋巴癌，到恢復工作，李開復推出新作坦述自己治療淋巴癌過程中的心路歷程。

「絕症怎麼會發生在我身上，我不接受這種判決」，當癌症突然來襲，即使始終執著於「最大化影響力」、「世界因你不同」的李開復也感到十分痛苦。

回望生病治療期間的心路歷程，李開復說：「我找到了信念中存在的盲點，並由此感悟人生、參透生命，不再執著於用量化的思維計算每件事的價值和意義。」他在書中寫道：「跨過死蔭的幽谷，那是我第一次如此真實地體驗到健康的可貴。」

當生命的紅燈亮起，曾經的執念頃刻間煙消雲散。在得知自己可能罹患癌症的那個晚上，李開復正在帶領公司員工在外地進行活動，第三天後，他飛回臺北。「二十多顆淋巴腫瘤吸足了化驗劑中的糖分，閃閃發亮。我感覺死神就在我身邊遊蕩，每一分鐘都度日如年。」李開復說非常急迫的一件事情是要將遺囑寫好，當時自己只是在機械地寫，心裡在想：我的一生就要這麼結束了？

李開復說：「在『做最好的自己、世界因你不同！』的信念之下，我出版了五本書，發過一萬多條貼文，擁有五千多萬粉絲，舉行了五百多場演講……但當面臨癌症的時候，我心中閃過的每一個念頭都與我的工作毫無關係，最大的遺憾就是沒有和自己的家人有更多的時間在一起。」

在高曉松導演的紀錄片《向死而生》中，當背景音樂緩緩響起時，李開復孤獨地在沙灘上漫步沉思，與小女兒在午後陽光下相擁，與妻子在林蔭下散步，靜靜地陪伴失憶的母親，此時，他就是一個普通的兒子、丈夫、父親。

李開復說：「如果不是癌症，我可能會循著過去的慣性繼續走下去，也許我可以獲取更優渥的名利地位，創造更多成功的故事，癌症把我硬生生推倒，這場生死大病開啟了我的智慧，讓我更真切地知道，生命該怎麼過才是最圓滿的。」

正如在紀錄片《向死而生》結尾中所說的那樣：「現在我願穿越虛無的影響力，做一個謙卑的築夢者，一針一線地編織夢想，做一個有血有肉有真情有大愛的李開復。」

【點評】

重病是偉大的導師。李開復的覺醒意味著一個追求事業成功的企業家轉向追求人生圓滿的普通人。

重大疾病是人生的重大轉折，被動地促使追求事業成功、人生輝煌的職場精英，開始停下匆忙的腳步反思事業與生命，檢討事業成功、人生成長與生命圓融。從這點上來看，它是一筆豐厚的人生財富。

疾風暴雨之時刻，方知小草之韌勁；生死攸關之危機，催生大徹大悟之哲人。從兩千多年前的古希臘傳來的蘇格拉底這位智者的聲音穿越歷史時空依舊在我們的耳畔陣陣迴響——

「未經反省的人生不值得活」。開始反省意味著生命開始成長。當渴望物質的目光開始關注哲學、歷史、音樂、藝術、詩歌、繪畫，關注社區那株白色的玉蘭花和粉色的山櫻花，關心早上醒來從地平線升起的第一縷陽光和月朗星稀夜裡池塘的蛙聲，關注孩子的吵鬧、鼾聲和妻子的笑容、抱怨。我們的心智開始春天般地覺醒與萌芽，開始春意盎然、姹紫嫣紅。

你永遠無法叫醒一個裝睡的人。誰也無法說服他人改變，因為我們每個人都守著一扇只能從內開啟的改變之門，不論動之以情或曉之以理，我們都不能夠替別人開門。

李開復的淋巴癌，是他生命中獲得的一筆豐盛財富，遠遠高過蘋果、微軟、Google 給予的一切頭銜。

李開復罹患重疾，病榻上回首往事，重新思考人生，定當有杜甫的「乾坤萬里眼，時序百年心」，看人觀物不可拘於一時一事，須有縱橫前後的胸襟與目光；定當有林則徐「誰望函關千古險，回看只見一泥丸」所描寫的那種歷經千險萬難不死的灑脫與淡定。

路危徑險處，回得頭早。欲求大業須惜健康，遠征域外勿內起煙塵。然而「世事如烈火烹油，知進退者幾人」？願開復先生「心積和平氣，手成天地功」、「心平更事久，心曠得春多」。開復先生終是有福智慧之人。

德國詩人海涅（Christian Johann Heinrich Heine）和梅耶間有件趣事：有一天，海涅接到梅耶寄來的一個包裹，他撕開一層又一層的包裝紙，最後只剩下一張小字條，上面寫著：「親愛的海涅：我現在健康又快樂，衷心祝福你。你的好友梅耶敬上。」

幾天後，梅耶接到海涅寄來的一個更大的包裹，而且重得要命。梅耶請了兩個工人，好不容易才將包裹搬進門。打開一看，裡面竟然是一塊大石頭，另外還有一張便條，上面寫著：「親愛的梅耶：看了你的來信後，我心裡的一塊大石頭才落地。現在就將這塊大石頭寄給你，以表示我對你的關心。海涅敬上。」

心中有著各種牽掛、貪念、疑慮、不安、焦躁，以及追錢、追名、追利，它們就像石頭般牽著你、掛著你、壓著你，雖然不必真的將它們寄出去，但總該放下。

梵志兩手持花獻給佛陀。佛陀說：「放下！」梵志放下左手的花。佛陀又說：「放下！」梵志於是又放下右手的花。但佛陀還是說：「放下！」梵志不解，問說：「我兩手的花都已經放下了，還有什麼可以放下的呢？」佛陀說：「放下你的外六塵、內六根、中六識，一時捨卻，捨卻到無可捨處，才是你安放生命的處所。」我們要放下的不只是那些看得到的有形之物、想得到的名利之類，還包括佛陀所說的各種觀念、思慮，也就是識心（妄心），它們都成了心中大大小小的石頭。只有真正放下，無牽無掛，我們才能真正輕鬆自在。

4. 放下的智慧

一位大師有個愚笨的弟子。大師一直教授他認識自性，他還是不得其門而入。最後大師非常生氣，就告訴他：「看，我要你把這一整袋子麥子背到對面山頂，中途不可停留休息，直到爬上山頂。

這個徒弟頭腦簡單，卻對大師有著無比的恭敬心和信心，就完全依照大師的話做了。袋子很重，他花了很長時間才完成任務。最後，當他到達山頂時，放下袋子，頹然倒地，雖然疲累卻感到無比的舒暢。所有的阻礙都消除了，凡夫心也跟著融化。就在那一剎那，他突然覺悟了自性。他跑下山，不顧一切地衝進了大師的房間。

「我明白了……我真的明白了！」他的上師對他一笑，故意說：「這麼說，這趟登山之旅很有趣？」挑重擔的人，當把重擔放下的時候，多麼地輕鬆舒服！身負重任的時候，一旦完成任務，放下責任，就如釋重負，多麼地快樂呀！為什麼很多人容易執著於欲望而無法放下呢？主要的原因是，人們認為任何東西自己占有後就會永遠不變。所以，擁有之後，人們就因這個不想失去而不斷地想一直擁有，讓自己的內心掙扎。

其實，我們知道這些東西誰都擁有不了，但從來不會說服自己那是會失去的東西，很多人還是想方設法去占有。禪的觀念是，過去不可得，未來更不可得，當下才是最重要的，每一秒鐘的當下才是真正的「恆」。永恆的「恆」存在就是因為每個「當下」連著下一個「當下」，它是連貫的。對下一個「當下」來講，現在的「當下」都是過去不可得的東西。要把握住當下，讓當下為未來創造正面的力量。

如果要讓當下為未來創造力量，我們現在要把握住它，就得把過去給放下。很多時候，我們放不下過去的任何東西，包括我們曾經擁有過的名利、身分、地位、面子，還有學問，如此等等。我們經常會被曾經接觸過的環境、習氣捆住。

人世無常，不如意十之八九。面對精神困窘的朋友，我常常會送上聖嚴法師的格言：「面對它，接受它，處理它，放下它。」

放下 = 盡全力 + 致完美 + 空成敗。

放下 = 不走極端 + 做而不求 + 順其自然。

放下 = 隨緣 = 豁達 + 包容（寬容別人，解放自己）。

放下 = 在獵人來臨之前，要放下你已經到手的東西，把握緊的手鬆開。

【案例】困住貪心猴子

在一座山上，不知為什麼，突然來了很多猴子，經常下山偷東西，惹得居民們煩惱不已。今天樹上的桃子被偷了，明天家裡的水瓢被摔破了。於是，一場抓猴子的行動開始了。剛開始的時候，人們養狗，但猴子很聰明，它們甚至把拴狗的繩子解開。後來，人們三五成群地值夜，但是，猴子們才不怕這

些，它們來無影去無蹤，再加上夜裡太黑，它們總是能逃之夭夭。一段時間下來，搞得人們筋疲力盡。

不過，一個聰明人無意中發現了一個祕密，猴子和人一樣貪心，只要它們到手的東西，從來都不肯再放棄。這個聰明人把自己的想法告訴了大家。於是，一個計畫悄悄布置下去。

晚上時，人們把瓶子掛在樹上或者綁在門口，然後，在瓶子裡放上美味的食物，就等著猴子來偷吃。第二天清晨，人們如約去查看瓶子，果然發現有幾隻猴子被困在瓶子上了。

原來，這瓶子的祕密就是瓶口的大小，剛好能夠讓猴子的手伸進去。而當猴子抓了食物之後，手就握成了一個拳頭，而一個拳頭是出不了瓶口的，猴子又死活不肯放下已經到手的食物，瓶子又緊緊地綁在樹上，這樣，猴子的手伸進去之後就再也出不來了。很多猴子就這樣被抓住了。

【點評】

事業要做得好，就得放下很多東西。這個世界上的誘惑很多，能夠賺錢的途徑也很多。如果你每個門路都想賺錢，那到最後，每個門路都賺不到錢。要學會捨得和鬆手。

如果我們能夠做到放下壓力，必將拾取輕鬆；放下消極，必將拾取積極；放下抱怨，必將拾取感恩；放下猶豫，必將拾取果決；放下狹隘，必將拾取包容；放下絕望，必將拾取希望。

【案例】「斷捨離」為何風靡

身邊的雜物越堆越多，卻怎麼都丟不掉，因為「捨不得」、「好可惜」；不斷地買新東西，怎麼都停不了手，因為「萬一沒有……」、「總有一天會用到」；想把屋子收拾乾淨卻遲遲不肯行動，因為收拾「很麻煩」、「費時間」；人生的種種苦惱，總混雜在我們對物品的執著中，山下英子藉由參透瑜伽「斷行，捨行，離行」的人生哲學，並由此獲得靈感，創造出了一套以日常家居整理改善心靈環境的「斷捨離」整理術。

其中，斷＝斷絕不需要的東西，捨＝捨棄多餘的廢物，離＝脫離對物品的執著。學習和實踐斷捨離，人們將重新審視自己與物品的關係，從關注物品轉換為關注自我。「我需不需要？」一旦開始思考，並致力於將身邊所有「不需要、不適合、不舒服」的東西替換為「需要、適合、舒服」的東西，就能讓生活空間變得清爽，由此改善心靈環境，從外在到內在，徹底煥然一新。

【點評】

「斷捨離」的整理術，其本質是整理「我」。「斷捨離」的重點之一在於，要以思考自我真正的需求為中心，而不是成為物的附庸，從而達成人生清爽高效的自有境界。源自瑜伽和佛學的「斷行、捨行、離行」的人生哲學，本質上是指果斷地捨棄無用的東西，提倡不要一味地固守執著，懂得捨棄能獲得更多的幸福。

從物品到人生的整理術，就是從外在生活的整理到內在思維的清理，經由實踐「斷捨離」，認清自我建立方向，徹底克服拖延症、懶散、注意力渙散、作息失調等痼疾，幫助建設清爽有秩序的工作和生活環境，從而解放內心的壓力，投入高效率、充滿幸福感和成就感的簡單、自在的生活。

到目前為止大部分的整理術，特別是收納術，都是在物品數量不減少的基礎上，花費大量的時間、空間、勞力、精力來整理。而「斷捨離」是從根本上反思自己與物品的關係，對物品進行簡化、取捨，為人們省出整理的時間、空間、勞力和精力。去除身邊不必要的人與事物，慢慢察覺到最好的狀態，與那些對你最重要的人、事、物更親密地進行交流，進而探尋到生命中的幸福真義。

【知識連結】山下英子

山下英子生於東京，日本早稻田大學文學部畢業，大學期間開始學習瑜伽，並藉由瑜伽參透了放下心中執念的修行哲學「斷行，捨行，離行」，隨後便致力於提倡以這種概念為基礎的、任何人都能親身實踐的新整理術「斷捨離」，透過對日常家居環境的收拾整理，改變意識，脫離物欲和執念，過上自由舒適的生活。

山下英子以雜物管理諮詢師的身分在日本各地舉行斷捨離講座，引起日本 NHK、TBS、東京電視臺、每日新聞、日本經濟新聞等各大媒體競相採訪，令斷捨離講座成為社會流行話題，從而掀起了一輪又一輪全民斷捨離的熱潮，參加講座的學員也日益增多。
除《斷捨離》外，作者還著有《斷捨離（心靈篇）》、《自在力》、《歡迎來到斷捨離的世界》、《斷捨離減肥法》等暢銷作品。

【案例】曼德拉的放下的藝術

曼德拉（Nelson Mandela）無疑是我們這個時代最偉大的政治家之一。

和解之念——放下害己之人

一九九四年五月十日，世界政要雲集南非，曾全球知名的「囚犯」曼德拉，在這一天宣誓就任南非總統。

參加典禮的有以色列總統威茨曼（Chaim Azriel Weizmann）、巴勒斯坦領導人阿拉法特（Yasser Arafat）、美國的第一夫人希拉蕊（Hillary Clinton）、美國的老對頭——古巴領導人卡斯楚（Fidel Castro）。

這些多年的「宿敵」齊聚南非，只為向新生的「彩虹國家」表示祝賀，向曼德拉表示敬意。在參加典禮的賓客之中，還有三個人，他們的心中，則惴惴不安：詹姆斯．格里高利，曼德拉坐牢期間的獄警。彼得．博塔，鎮壓黑人最為殘酷的前南非白人總統。珀西．猶他，一九六三年審判時力主將曼德拉判死刑的檢察官。

曼德拉不僅邀請曾迫害自己的人來參加就職典禮，而且當著他們的面，向全世界做出了承諾：

「讓所有人得享正義。讓所有人得享和平。讓所有人得享工作、麵包、水和鹽分。」

沒有人否認曼德拉為結束南非種族鬥爭、作為一名「革命者」而做出的貢獻，但以寬恕促進種族和解，帶領南非和平轉型，才是曼德拉最為偉大的成就。

寬恕之心 —— 放下仇恨，二十七年監牢讓他放下仇恨

當上總統之後，如何處理多年種族隔離造成的大量侵犯人權的案件，成了曼德拉的一道難題。如果完全大赦，只怕不會令黑人滿意；而如果嚴厲清算，那五百萬白人必將震動，和平之功，又會毀於一旦。於是，曼德拉推行了獨特的大赦方式：真相與和解模式。大赦的前提是必須弄清犯罪真相，但搞清歷史的目的並非清算、報復，而是和解，是寬恕。

曼德拉出獄後，曾在好望角發表演說。他說：「我為反對白人種族統治進行鬥爭，我也為反對黑人專制而鬥爭。」

「當我走出囚室邁向通往自由的大門時，我已經清楚，自己若不能把痛苦與怨恨留在身後，那麼其實我仍在獄中。」在那些對立情緒一觸即發的日子中，在黑人們怒吼要復仇的日子裡，曼德拉給全世界上了一課，演繹了什麼叫作「文明的寬恕」。正如南非大主教、諾貝爾和平獎得主戴斯蒙 · 屠圖（Desmond

Tutu）所說，曼德拉是象徵和解的全球偶像。

抗爭容易，仇恨也不難，難得的是，在經歷過壓迫、不公，甚至傷害之後，卻能夠放下仇恨，寬恕別人。

不戀權力 —— 放下權力

聲望最盛時毅然卸任我已經演完了我的角色，現在只求默默無聞地生活。我想回到故鄉的村寨，在童年時嬉戲玩耍的山坡上漫步。

在曼德拉的時代，乃至如今，一國領導人為保住政權，打壓反對聲音、修改憲法等行為並不罕見。但一度居功至偉的曼德拉並沒有如此。

一九九七年，七十九歲的曼德拉宣布辭去非國大黨內主席的職務，並表示不會在一九九九年謀求連任。

當人們問他為何不繼續競選時，他說他不相信一個年近八十的人，還有精力去涉足政治。他將擔子交給了年輕的姆貝基（Thabo Mbeki），並一再向公眾表明，「他比我這個老頭強」。實際上，此時的曼德拉，身體依舊健康。

曼德拉主動放棄權力，更增加了他在道德上的光輝。

【知識連結：曼德拉】
曼德拉（一九一八至二〇一三年）出生於南非川斯凱（Transkei）。於一九九四至一九九九年任南非總統，是首位黑人總統，被尊稱為南非國父。

為推翻南非白人專制，他進行了長達五十年艱苦卓絕的鬥爭。期間，他被判入獄二十七年。一九九一年，出獄後次年，他推動終結了南非長達四十三年的種族隔離制度。一九九九年，在擔任五年總統後，他宣布不再連任。時年八十一歲。近四十年來，曼德拉獲得的獎項超過百項。

【點評】

曼德拉以他偉大的「放下」，收穫了全球的敬仰和光輝的歲月。曼德拉放下了害己之人、放下了種族仇恨、放下了權力誘惑。曼德拉拾取了包容之心、博大之愛、平等之尺、公平之秤、人性光輝。於是，他收到了全世界最崇高的敬意，其影響力無遠弗屆。樹木把枯黃的落葉放下，長出美麗的春天；大地把炎熱的夏天放下，收穫了金黃的秋天；蒼穹把灰色的雲翳放下，綻放燦爛的晴空；人生把沉重的鬱結放下，舒展快樂的心情，收穫光輝的歲月。

禪能寧靜心境

讓心寧靜的方法縱有千萬個，我的建議只有兩條：一是修禪；二是與自然交朋友。禪的本質就是寧靜，寧靜你的那顆喧囂之心，讓你回歸淡泊與空靈。禪既是智慧活靈，充滿機趣，卻又同時顯得那麼的淡泊，那麼的寧靜，讓你在煩囂的塵世中，得以找到一片心靈上的綠洲、精神上的淨土。當年與禪有緣的陶淵明，不就唱出了「結廬在人境，而無車馬喧。問君何能爾，心遠地自偏」的名句？淡泊而又寧靜。

禪師心理上的淡寂和生活上的蕭閒彼此交織，這就是禪。捨此求禪，恰如兔角龜毛，無處可覓，因為是「徑路窄處，留一步與人行；滋味濃的，減三分讓人嘗」。在禪的淡泊和寧靜中，你將進入到「花繁柳密處撥得開，風狂雨急時立得定」。日日是好日、時時是好時的生活境界和心理境界。

因為只有淡泊，只有寧靜，才能對人生作最深入、最細微、最獨到的品味。願禪引導你走出喧囂，避開炎涼，脫離寵辱，你將在這世界上活得更加無憂無慮，更加清淨自在，更加充滿陽光。沒有一顆寧靜之心，詩人如何感受清新、幽靜、恬淡、優美的山中秋季的黃昏美景？沒有一顆熱愛自然之心，如何感受一場秋雨過後，秋山如洗，清爽宜人；時近黃昏，日落月出，松林靜而溪水清，浣女歸而漁舟蕩的詩意？沒有一顆禪心，如何體悟這清秋佳景，風雅情趣，自可令王孫公子流連陶醉，忘懷世事？沒有一顆禪心，又如何以「空」字領起，格韻高潔，為全詩定下一個空靈澄淨的基調？

《山居秋暝王維》

空山新雨後，天氣晚來秋。
明月松間照，清泉石上流。
竹喧歸浣女，蓮動下漁舟。
隨意春芳歇，王孫自可留。

英國詩人布萊克（William Blake）說過：「偉大作品的產生，有賴於人與山水的結合，整天混跡於繁鬧的都市，終究一事無成。」文章，人心之山水；山水，天地之文章。「山水無文難成景，風光著墨方有情」，一語道盡自然與文學的關係。

二是融入大自然。在鋼筋水泥叢林生活的人，時時刻刻面對電腦、手機的人們，長久如此，有危險了。人是大自然的孩子，你不融入自然，不與山水為友，不與大地為朋，不與星月相伴，你的精神勢必委頓，心靈一定枯竭。

人類在征服世界的征途中，漸漸地失去了自己的靈魂。尤其現代社會，紅塵滾滾人心浮躁，我們若想與喧囂都市抗衡，也許最佳選擇就是投入到自然中去，享受星辰、山河、森林、海洋，讓身心從中獲得滋養，獲得真正的愉悅與幸福。

縱情山水，因為其精神家園是山水。在大自然中超脫現實、圓融身心，能使生命更快樂，人生也更有意義和價值。的確，當人類回歸自然，靈魂就會與宇宙相通。

在大自然面前，人類會感覺自己的渺小，會懷有敬畏之心。古代哲學講求順應自然，強調天人合一，將美好賦予自然，例如山水、樹木、花草、蟲鳥。

愛默生（Ralph Waldo Emerson）認為「自然是精神之象徵」，他說：「在叢林中，我們重新找回了理智與信仰」、「人不僅要遠離社會，還需遠離書房，方可進入孤獨的境界」。在他眼裡，自然寄託著人類的情感，因為心靈格外需要野生自然的滋潤。美學家李澤厚在其著作《美的歷程》中也寫道：「千秋永在的自然山水高於轉瞬即逝的人世豪華，順應自然勝過人工造作，丘園泉石長久於院落笙歌。」

美國作家梭羅（Henry David Thoreau）被奉為「自然文學的先驅」。梭羅熱愛自然，探索自然，崇尚自然，宣稱「大自然就是我的新娘」，鄙棄物欲主義，嚮往精神崇高。梭羅撰寫了四本描述和讚頌自然界的著作，其中《湖濱散記》成為自然文學的經典之作，風靡全球，至今暢銷。

鄉村、田園，草原、叢林，江河、海洋，曠野、荒原……來一場大自然的千姿百態遊，身在大自然中會得到的精神享受，一定遠比物質享受更令人愉悅和幸福。

禪能開啟智慧，尋找自家寶藏

王陽明曾寫道：「拋卻自家無盡藏，沿門托缽效貧兒。」意思是：拋棄了自家用之不盡、取之不竭的寶藏，像乞丐那樣挨門挨戶地乞討，這是一種非常可憐的迷失的狀態。他的本意是強調人的良知是內在的，不假外求的。一味外求，只會令人失卻自己的本心，亦難以心安。一個人若總是一味地外求（自己所沒有的），而無暇內顧和歸回（自己已經有的），就會活得像個乞丐，惶惶不可終日，享受不到真正的安心。

從前，有個人娶了四個妻子，第四個妻子深得丈夫喜愛，不論坐著站著，丈夫都跟她形影不離，非常受寵愛。第三個妻子是經過一番辛苦才得到，丈夫常常在她身邊甜言蜜語，但不如對第四個妻子那樣寵愛。第二個妻子與丈夫常常見面，互相安慰，宛如朋友。只要在一起就彼此滿足，一旦分離，就會互相思念。而第一個妻子，簡直像個婢女，家中一切繁重的勞作都由她來完成。她身陷各種苦惱，卻毫無怨言，在丈夫的心裡幾乎沒有位置。

一天，這個人要出國長途旅行，他對他第四個妻子說：「妳願意跟我一起去嗎？」第四個妻子回答：「我不願意跟你去。」丈夫恨她無情，就把第三個妻子叫來問：「妳能陪我一起去嗎？」第三個妻子回答道：「連你最心愛的第四個妻子都不願意陪你去，我為什麼要陪你去？」丈夫把第二個妻子叫來說：「妳能陪我出國一趟嗎？」第二個妻子回答：「我受過你的恩惠，可以送你到城外，但若要我陪你出國，恕我不能答應。」丈夫也憎恨第二個妻子無情無義，對第一個妻子說：「我要出國旅行，妳能陪我去嗎？」第一個妻子回答：「我離開父母，委身給你，不論苦樂或生死，都不會離開你的身邊。不論你去哪裡，走多遠，我都一定陪你去。」他平日疼愛的三個妻子都不肯陪他去，他才不得不攜帶決非意中人的第一個妻子，離開都城而去。原來，他要去的國外乃是死亡世界。擁有四個妻子的丈夫，乃是人的意識。第四個妻子，是人的身體。人類疼愛肉體，不亞於丈夫體貼第四個妻子的情形。但若大限來臨，生命終結，肉體轟然倒地，沒有辦法陪著。第三個妻子，無異於人間的財富。不論多麼辛苦儲存起來的財寶，死時都不能帶走一分一毫。第二個妻子是父母、妻兒、兄弟、親戚、朋友和僕傭。人活在世上，互相疼愛，彼此思念，難捨難分。死神當頭，也會哭哭啼啼，送到城外的墳墓。用不了多久，就會漸漸淡忘了這件事，重新投身於生活的奔波中。

第一個妻子則是人的心，和我們形影相隨，生死不離。它和我們的關係如此密切，但我們也容易忽略了它，反而全神貫注於虛幻的色身。

【案例】鑽石就在你家後院

從前有位名叫阿里的波斯人，住在距離印度河不遠的地方，他擁有大片的蘭花花園、稻穀良田和繁盛的園林，是一位富有的人。有一天，一位佛教僧侶前來拜訪這位老農夫。坐在阿里的火爐邊，他向農夫講述鑽石是如何形成的。最後，這位僧侶說：「如果一個人擁有滿滿一手鑽石，他就可以買下整個國家的土地。要是他擁有一座鑽石礦場，他就可以利用這筆鉅額財富，把孩子送至王位。」

阿里興奮不已，詢問那位僧侶在什麼地方可以找到鑽石。

「只要你能在高山之間找到一條河流，而這條河流是流淌在白沙之上的，那麼，你就可以在白沙中找到鑽石。」僧侶說。於

是，阿里賣掉了農場，將利息收回，然後就出發去尋找鑽石了。

在人們看來，他最初尋找的方向是十分正確的，他先是前往月亮山區尋找，然後來到巴勒斯坦地區，接著又流浪到了歐洲，最後，他身上的錢全部花光了，衣服又髒又破。在旅途中的最後一站，這位歷經滄桑、痛苦萬分的可憐人站在西班牙巴賽隆納海灣的岸邊，懷揣著被那位僧侶所激起，得到龐大財富的誘惑，縱身躍入了迎面而來的巨浪中。

幾十年後的一天，阿里的繼承人牽著他的駱駝到花園裡飲水時，他突然發現，在那淺淺的溪底白沙中閃爍著一道奇異的光芒，他伸手下去，摸起了一塊黑石頭，石頭上有一處閃亮的地方，發出彩虹般的美麗色彩。他把這塊怪異的石頭拿進屋裡，放在壁爐的架子上，就繼續去忙他的工作，把這件事給完全忘了。

幾天後，那位曾經告訴阿里鑽石是如何形成的僧侶，前來拜訪阿里的繼承人。當看到架子上的石頭所發出的光芒時，他立即奔上前去，驚奇地叫道：「這是一顆鑽石！這是一顆鑽石！阿里已經回來了嗎？」

【點評】

「拋卻自家無盡藏，沿門托缽效貧兒。」這是芸芸眾生的真實寫照，尤其是匆匆忙忙趕路的現代人的寫照。禪認為向內求會讓我們得到財富和真正的富足，向外求會讓我們失去財富和心靈的成長。無論物質的還是精神的，其內在原理如出一轍。

禪認為，人的快樂的根基就是自己的內心，出現所有的問題，根源都在自己的內在，都要先調整自己，而不是把希望寄託在別人或者外在的環境。這與儒家的文化是吻合的，在這個競爭的時代，很多人都渴望「治國、平天下」，然而卻常常忽視了「修身、齊家」才是「治國、平天下」的基礎。很多人都渴望成功，然而成功之後才發現，成功與幸福並不能畫上等號，幸福似乎比成功更奢侈。怎麼樣才能修身、齊家，並逐步治國、平天下？怎麼樣才能既成功又幸福？

儒家經典《大學》為我們提供了一個「格物、致知、誠意、正心」的內心修練步驟。

從自己內心、自身做起的邏輯就是：「物格而後知至。知至而後意誠。意誠而後心正。心正而後身修。身修而後家齊。家齊而後國治。國治而後天下平。」也就是說：「窮究事物的真理，然後才能知無不盡，知無不盡而後意念真誠，意念真誠而後內心端正，內心端正而後才能修養自身的道德，修養自身的道德而後才能整治自己的家族，整治自己的家族而後才能治理好自己的國家，自己的國家治理好才能平定天下。」

不調整自己處世接物的態度，在哪個職業都不會快樂；不調整自己的思想和心態，住多大的房子，睡多好的床都不會快樂；不調整自己的家庭環境和教育方式，把孩子送到多好的學校都沒用；不調整自己的生活方式和飲食習慣，多好的減肥方法都沒用；不懂的路要靠自己走、心要靠自己修，參加多貴的心靈成長

課程，了解到多少修心的法門都沒用；自己不做善事，累積善因，臨時燒香念經求菩薩都沒用。你才是自己的佛，改變自己的處境的不是別人，正是自己。鑽石就在你家後花園。

禪能開闊胸懷，治癒壓力帶來的身心俱疲

【原文】

「名與身孰親？身與貨孰多？得與亡孰病？甚愛必大費，多藏必厚亡。故知足不辱，知止不殆，可以長久。」（《道德經．第四十四章》）

【譯文】

聲名和生命相比哪一樣更為親切？生命和貨利比起來哪一樣更為貴重？獲取和丟失相比，哪一個更有害？過分愛名利就必定要付出更多的代價；過於積斂財富，必定會招致更為慘重的損失。所以說，懂得滿足，就不會受到屈辱；懂得適可而止，就不會遇見危險。這樣才可以保持住長久的平安。

虛名和人的生命、貨利與人的價值哪一個更可貴？爭奪貨利還是重視人的價值，這二者的得與失，哪一個弊病多呢？這是老子向人類提出的尖銳問題，也是每個人都必然會遇到的問題。

「知足不辱，知止不殆」，這是老子為人處世的精闢見解和高度概括。「知足」就是說，任何事物都有自己的發展極限，超出此限，則事物必然向它的反面發展。因而，每個人都應該對自己的言行舉止有準確的認識，凡事不可求全。貪求的名利

越多，付出的代價也就越大，積斂的財富越多，失去的也就越多。他希望人們，尤其是手中握有權柄之人，對財富的占有欲要適可而止，要知足，才可以做到「不辱」。「多藏」，就是指對物質生活的過度追求，一個對物質利益片面追求的人，必定會採取各種手段來滿足自己的欲望，有人甚至會以身試法。

「多藏必厚亡」，意思是說豐厚的儲藏必有嚴重的損失。這個損失不僅僅指物質方面的損失，還指人的精神、人格、品質方面的損失。

也許會因為錢而創業，但錢不是最終目標，也不是幸福的核心源泉。快樂只能來自良好的人際關係、愉快的工作氛圍、自我滿足感、對生命意義的感受，以及對社會活動的參與。

【案例】洛克斐勒五十三歲時差點喪命，是什麼讓他最終活到九十八歲？

約翰．洛克斐勒（John D. Rockefeller）在他三十三歲那年賺到了他的第一個一百萬。到了四十三歲，他建立了一個世界最龐大的壟斷企業——美國標準石油公司。

不幸的是，五十三歲時，他卻成了憂慮的俘虜。充滿憂慮及壓力的生活早已摧毀了他的健康，因為莫名的消化系統疾病，他的頭髮不斷脫落，甚至連睫毛也無法倖免，最後只剩幾根稀疏的眉毛。他的情況極為惡劣，看起來就像個僵硬的木乃伊，肩膀下垂，步履蹣跚。

他是當時世界上最富有的人，卻只能靠簡單飲食為生。他每週收入高達幾萬美金 —— 可是他一個星期能吃得下的食物卻用不了兩塊美元。醫生只允許他喝優酪乳，吃幾片蘇打餅乾。他的皮膚毫無血色，那只是包在骨頭上的一層皮。他只能用錢買最好的醫療，以使他不至於五十三歲就去世。

為什麼？完全是因為憂慮、驚恐、壓力及緊張。他永遠無休止地、全身心地追求目標，據親近他的人說，每次賺了大錢，他的慶祝方式也不過是把帽子丟到地板上，然後跳一陣土風舞。可是如果賠了錢，他就會大病一場。一次，他運送一批價值四萬美金的糧食取道五大湖區水路，保險費需要一百五十美元。他覺得太貴了！因此沒有購買保險。可是，當晚伊利湖有颶風，洛克斐勒整夜擔心貨物受損，第二天一早，當他的合夥人跨進辦公室時，發現洛克斐勒正在來回踱步。

他叫道：「快去看看我們現在還來不來得及投保。」合夥人奔到城裡找保險公司。可等他回到辦公室時，發現洛克斐勒的心情更糟。因為他剛剛收到電報，貨物已安全抵達，並未受損！於是，洛克斐勒更生氣了，因為他們剛剛花了一百五十美元投保。

他的公司每年營業額達五十萬美元，他卻為區區一百五十美元把自己折磨得病倒在床上。他無暇遊樂、休息，除了賺錢及教主日祈禱，他沒有時間做其他任何事情。

然而，正逢他事業巔峰、財源滾滾的時候，他的個人世界卻崩潰了，標準石油公司也一直災禍不斷 —— 與鐵路公司的訴訟、對手的打擊等等。

遭他無情打擊的對手，沒有一個不想把他吊在蘋果樹下。威脅要取他性命的信件如雪片般飛入他的辦公室。

他雇用保鏢防止敵人殺他，他很想忽視這些仇恨，一次，他自我解嘲地說：「踢我、詛咒我！你還是拿我沒辦法！」但他終究是個凡人，他無法忍受憎恨，也無法承受憂慮。他的健康狀況開始惡化了，對這個新的「敵人」——由身體內部發出的疾病，他感到極為茫然與迷惑。

後來，醫生告訴他一個驚人的事實，他或者選擇財富與憂慮，或者選擇自己的生命。醫生竭盡全力挽救洛克斐勒的生命，他們要他遵守以下三項原則。

A. 避免憂慮，絕不要在任何情況下為任何事煩惱。

B. 放輕鬆，多在戶外從事溫和的運動。

C. 多注意飲食，每頓只吃七分飽。

洛克斐勒嚴格遵守這些原則，因此他撿回了一條命。他退休了，他開始學習打高爾夫球，從事園藝，與鄰居聊天、玩牌，甚至唱歌。他開始想到別人。這一生中他終於不再只想著如何賺錢，而開始思考如何用錢去為人類造福。

總而言之，洛克斐勒開始把他的億萬財富散播出去。

洛克斐勒基金會在人類歷史上是史無前例的，也可以說是獨一無二的。洛克斐勒了解到世界各地具有遠見卓識的人，正

在從事許多有意義的工作，很多人都在進行許多研究，有人想成立大學，有許多醫生在努力與疾病戰鬥——可是，因為缺乏經費致使胎死腹中的情況太多了。因此，他決定幫助這些人類先驅者，不像過去那樣收買過來，為他賺錢，而是為他們提供經費，幫助他們。

洛克斐勒開心了，他徹底改變了自己，使自己成為毫無憂慮的人。事實上，後來當他遭受事業重創時，他也不肯因此而犧牲一晚睡眠。這個重創是他一手創辦的標準石油公司被勒令罰款，這是美國當時最大的一筆罰款。當法官宣判時，辯方律師都擔心洛克斐勒無法承受——他們顯然並不了解他的改變。

當天晚上，一位律師打電話通知洛克斐勒，他盡可能平靜地敘述這個判決，接著他說出了心中的顧慮：「我希望你不要因為這個判決而難過，洛克斐勒先生，希望你今晚能安心睡覺。」

洛克斐勒立即回答：「約翰森先生，不要擔心，我決定好好睡一覺。你也不要放在心上，晚安！」

五十三歲時，他差點喪命，最後卻活到了 98 歲。

【點評】

洛克斐勒由瀕臨死亡的危險境地到健康長壽年近百歲的老人，從一毛不拔、唯利是圖到慷慨慈善、澤被蒼生，就是一念之差。一念改變，天壤之別；一念改變，歷史上少了一個貪得無厭的商人，成就了一個偉大的企業家和慈善家；一念改變，人生轉換；一念改變，乾坤扭轉「甚愛必大費；多藏必厚亡。故知足不辱，知止不殆，可以長久。」老子的告誡猶在耳際。

約翰．洛克斐勒終於悟到：「人並不因有錢而愉快，愉快來自能做一些使別人滿意的事。」樸素又意味深長。

古人對心的解釋是：「三點如星象，彎鉤似月斜，地獄從中生，作聖（佛）也由它。」簡單地說，禪講的莫過於一個「心」字。「心生則種種法生，心滅則種種法滅。」《淨名經》也云：「心淨則國土淨，心染則國土染。」自淨其心，消除那些噁心、貪心、殺心、私心，增加些愛心、慈悲心、誠心、好心，共同構建心心相印的和諧社會。

心，認真處事叫用心，寬厚祥和叫慈心，多行益事叫發善心，欲望過高叫貪欲心，追求名利叫虛榮心，只為自己叫私心，勤學好問叫虛心，痛恨他人叫嗔恨心，猜疑別人叫懷疑心，由己所欲叫隨心，寡欲無求叫清心，快樂舒暢叫開心。學習禪就是能有一顆菩提心、平常心、平等心、慈悲心、真如心。佛由心成，道由心學，德由心積，功由心修，福由心作，禍由心為。

禪能治癒悲痛——明白苦的意義是在解脫

如何解脫苦呢？世間的方法是改善生存環境：所謂發展科技、發展經濟，以為科技發達、經濟繁榮了，生存的物質環境改善了，人類就能過得很幸福了。可事實上，今天社會出現的問

題，以及人類面臨的困惑和痛苦，可能比任何一個時代都要多，原因是什麼呢？人類沒有能夠抓住問題的根本所在。以改善外在的環境來解除人類痛苦，是揚湯止沸，治標而不能治本的。

禪以為解脫痛苦的方法是，明白了有情痛苦現狀之後，去尋求痛苦的根源。人類的痛苦固然與外在環境有關係，但主要還是根源於有情生命的內在。從禪的思想去看，人類的痛苦是對「有」（存在）的迷惑和執著造成的，解脫人生的痛苦，自然是對存在要有正確的認識。

佛陀曾問弟子一個問題：人的生命中，自己能夠把握的時間究竟有多長？有的弟子說五十年，有的說三十年，有的說十年、一年，甚至有人說短短幾分鐘，佛陀認為都不對。直到有弟子答道「呼吸間」，佛陀才給予肯定：「出息不還則屬後世，人命在呼吸之間耳！」

【案例】香奈兒在困境中創造奇蹟

一九一八年十二月二十三日深夜，巴黎的某個街角，兩輛馬車轟然相撞，其中一輛車主隨著車身一起翻覆，被壓在沉重的鋼鐵支架下，口袋裡滑落一串珍珠項鍊，刺眼地閃耀在血色中。

這個男人叫亞瑟．卡伯（Arthur Capel），是當時著名的貴族和工業家，幾乎一百年後，即便貴族的徽印被時光滌蕩，他還有另一個知名的身分：可可．香奈兒（Gabrielle Bonheur Chanel）的戀人和支持者。他資助名不見經傳的香奈兒開辦自己的帽子店，從他製作精良的男士服裝中汲取靈感運用到女性衣飾，他請巴黎最炙手可熱的歌劇演員戴上香奈兒設計的帽子成為上流社會的看板，他用才華和財富幫助她走近夢想，卻在她三十一歲的時候，被那場車禍猛然帶走，珍珠項鍊是他送給她的最後一件聖誕禮物。親眼看到原本英俊的戀人被撞得支離破碎面目全非，使天人兩隔的痛苦再一次放大。只是，香奈兒安靜地用手帕包起那串染血的項鍊，把眼淚、悲慟、尖叫通通咽到心底，她為自己做了一款小黑裙，剪短了頭髮，無言地悼念自己的愛情，沒有歇斯底里的悲鳴，只有隱忍不落的寂寞。幾乎兩年的時間，她在沉默中度過。一九二〇年，香奈兒陪同俄國大公爵參觀瑞士珠寶礦，被鈷藍和鍺紅兩種寶石的魅力吸引，她閃電般地想到卡伯留下的那串染血的珍珠，靈感瞬間迸發，她把二者結合，將各種不同顏色和質地的珠寶鑲嵌在一起，豐富了珠寶的顏色和樣式，在公爵的說明下，香奈爾又找到了人工珠寶與天然珠寶混合鑲嵌的設計方式，這種風格與第二次世界大戰前人們務實節儉的潮流一拍即合，香奈爾珠寶開始風行。

於是，在與痛苦的博弈中，她收穫了人生最精彩的成就：小黑裙和香奈兒珠寶。這兩項創造與第五號香水、粗花呢外套等一起構築起了時尚傳奇。

我們看到，誰都沒有金剛不敗之身，每一個看起來從容淡定的人，都經歷過翻江倒海與涅槃重生的內心戲。

【點評】

本案例的主人公香奈兒在失去親愛的戀人之後，在巨大的痛苦面前看似並沒有學習禪。實際上，當香奈兒找到了打動自己內心的事業時，就找到了生命之禪，讓她專注於此、樂此不疲。生命也開始找到了歸宿和可以激揚活力的源頭活水。

發現了自己的無盡之藏，也就開啟了命運的活水源頭，從此命運開始新的征程。人生充滿無常，無常即苦。生命的無常是無法迴避的，我們應該面對它、認識它、超越它。

人生都要經歷生老病死，如同春夏秋冬的輪轉一樣，是一種自然現象。只有明白了生命的無常，才會珍惜生命的有限，才能放下無謂的執著，才可以坦然地面對人生的苦難和死亡。

這是積極而曠達的人生。「回首向來蕭瑟處，歸去，也無風雨也無晴。」青山不老，看盡無常世態；對接禪境，釋懷心頭重負。人生最大的境界就是超越自己，香奈兒做到了。

禪能平息亂心

禪家雲門宗有一首詩：「春有百花秋有月，夏有涼風冬有雪；若無閒事掛心頭，便是人間好時節。」此詩說的是人們只要心頭不存纖塵的「閒事」，那麼，他的一年三百六十五天，便日日是好日。

說起「閒事」，在一般人看來，便是那些無關緊要的事情，然而，禪家所說的「閒事」，卻是指人們由於成見所造成的種種心理障礙。人們凡遇一事，總擺脫不了是非、人我、利害等種種成見的束縛，由以上種種成見而衍生出好與壞等不同心境來。因而禪者將去掉心頭的「閒事」，作為自身修行最關鍵的一著。它要求人們用消除了人我、物我分別的心量去觀照一年的每一天，甚至於每一剎那的紛然萬物，從而使那些被人們認為是拂逆的事物，也變得遂心如意起來。以這樣的心量參與審美，則無論是春花，還是秋月，無論是炎夏，抑或寒冬，都將會顯現出它們平等無差別美的本質來。

一年四季之中，春花是那樣的絢爛多彩，夏木是那樣的蔭天蔽日，秋果碩累而惹人憐愛，冬雪紛揚潔淨人心。我們若能以無人我、物我差別的心量去看待它們，則究竟會有哪一個季節不美呢？由此推廣而說，人生歷程也有四季之分，人們若心頭無「閒事」，則處少年如春花爛漫，處青年如夏木繁茂，處壯年如金秋果碩，處老年如瑞雪著地而樂得其歸宿。如此的人生方可謂無悔的人生，如果用禪家話來說，便是不虛此生了。若再從小處講來，人生遇事總有順逆之時，若能於得意時觀照本無所得，於失意時領悟亦無所失，那麼，他的一生則將時時是好時了。

總而言之，好日與好時對於每個人來說，在本質上應當是等無差別的，而人們能否獲得那種「好」的受用，那就取決於他能否真正地除卻心頭的「閒事」了。

禪讓我們回歸平常心

三心二意，前瞻後顧，是凡夫的通病。靜心澄濾，寂靜清明，是智者的境界。

過去有一位年輕和尚，一心求道，希望早日成佛。但是，多年苦修參禪，似乎沒有進步。

有一天，他打聽到深山中有一破舊古寺，住持某老和尚修練圓通，是得道高僧。於是，年輕和尚打點行裝，跋山涉水，千辛萬苦來到老和尚面前。

年輕和尚：「請問老和尚，您得道之前，做什麼？」老和尚：「砍柴、擔水、做飯。」年輕和尚：「那得道之後，又做什麼？」老和尚：「還是砍柴、擔水、做飯。」年輕和尚於是哂笑：「那何謂得道？」

老和尚：「我得道之前，砍柴時惦念著挑水，挑水時惦念著做飯，做飯時又想著砍柴；得道之後，砍柴即砍柴，擔水即擔水，做飯即做飯。這就是得道。」

應於當下，認認真真地去做好手中的每一件事情，便是得道。正所謂：欲亦無所欲，求亦無所求，當下每一刻，靜心無染汙。學習禪的智慧，讓我們在建功立業的同時，能夠超越塵緣的羈絆，擺脫世俗的罣礙，達到心靈的寧靜與平和，在浮躁煩憂的現實社會中多一份從容和淡定、灑脫和自在。

四、禪與現代管理

佛門「六度」包括：布施、持戒、忍辱、精進、禪定、般若。「度」是渡的意思，「六度」是解脫煩惱渡向覺悟彼岸的六種工具。

其核心精神對於現代人成為一個遵紀守法、身心健康、品格高尚的公民大有裨益，對於現代企業的經營管理、成為一個領導人、成就一番大事業也很有借鑑價值。我的解讀如下：

布施度慳貪——給予的快樂；持戒度毀犯——規則的自由；忍辱度嗔恚——負重的厚德；精進度懈怠——職人的精神；禪定度昏散——專注的饋贈；般若度愚癡——哲學的價值。

布施度慳貪——給予的快樂

【案例】李嘉誠：越布施越有錢

人們發現，在這個世界，誰布施的越多，誰的財富就越廣大。誰捐獻了自己的財富，便得到了全世界回饋的財富：比爾蓋茲（Bill Gates）捐獻了九成的財富，巴菲特捐獻了九成二的財富，李嘉誠捐獻了七成的財富……李嘉誠少年經歷憂患，十二歲便輟學到社會謀生，對健康和知識的重要性深有體會。同時認為對無助的人給予幫助是世上最有意義的事情，教育及醫療兩者更是國家富強之本。他也認識到個人力量是有限的，

唯有事業成功，才能對社會和國家做更大的貢獻。

所以，早年隨著事業進展，在行有餘力的時候，李先生便熱心公益，支持各地的教育醫療事業，於一九八〇年成立了李嘉誠基金會，藉以對教育、醫療、文化、公益事業做更有系統的資助。

歷年來，捐款累計逾港幣五十億元，其中約七成透過李嘉誠基金會統籌資助，其餘三成則在李先生推動下由旗下企業集團捐出。二〇〇六年，他向世界宣布將捐出自己資產的七成——大約三百五十億元股權！

李嘉誠是香港首富，也是全球最有影響力的十大富豪之一。他掌控著香港的經濟命脈；經營世界上最大的港口；享有著來自頂級地產商和零售商的美譽……他大概是香港市場諸巨人中少有的出身貧寒者，少有的常青樹，是在市場和管理的各個領域和各個層面都很成功的佼佼者。

事業輝煌的李嘉誠夫婦，是眾所周知的大慈善家。他曾捐資三千多萬港幣建立「李嘉誠護理安老院」，該院規模宏大，設備齊全，占地約一千五百平方公尺，可收容幾百名老人在此接受護理和安養。在該院建設過程中，李嘉誠特委派李嘉誠基金會的高級職員、計畫經理、辦公室經理、高級祕書等專職籌畫，使該院在短時間內建成啟用，許多老人在此安度晚年。李嘉誠也廣種福田，常常捐助上億元的鉅資，進行造橋鋪路、興辦教育、支援醫療、贊助科學研究、弘揚文化、賑濟災民等慈善布施。李嘉誠的座右銘：「人生在世，能夠在自己能力所逮的時候，對社會有所貢獻，同時為無助的人尋求及建立較好的生活，我會感到很有意義，並視此為終生不渝的職志。」

李嘉誠所關心的，並不是自己能賺多少錢，而是關心他手下的員工每一個家庭能生活得好。

事實也證明，唯有如此，才能得天時、地利、人和；唯有如此，事業才能興旺，社會才會祥和。

【點評】

捨得是一種人生智慧和態度，出自於《易經》。捨得不是捨與得之間的日常計較，而是擁有超越境界，來對已得和可得的東西進行決斷的情懷和智慧。

捨得既是一種處世的哲學，也是一種做人做事的藝術，更是經營管理的哲學。偉大的企業家就是深刻理解捨得智慧的人，李嘉誠自是其中的翹楚。大企業家都是大哲學家，深諳其中。經營管理、人生得失固有「小捨小得、大捨大得、不捨不得」的說法，但漫長的人生豈是可以用簡單的加減乘除數學公式運算的。需要遠見與膽略、襟懷與氣度。捨與得就如水與火、天與地、陰與陽一樣，是既對立又統一的矛盾概念，相生相剋，相輔相成，存於天地，存於人世，存於心間，存於微妙的細節，囊括了萬物運行的所有道理。

萬事萬物均在捨得之中，才能達到和諧，達到統一。你若真正把握捨與得的尺度，便等於把握人生的鑰匙和成功的機遇。

要知道 —— 百年的人生，不過就是一捨一得的重複，萬年的歷史，也就是一捨一得的演繹。

持戒度毀犯 —— 規則的自由

【案例】曹德旺：持戒行商踐行禪道

在曹德旺看來，生活中的一切皆是禪理：做善事是布施；規範經營企業是持戒；忽略掉社會上一些因不理解他的言行而出現的負面聲音甚至誹謗、忍辱；不斷摸索使事業進步的方法是精進；追求人格完美以達般若。言及三十多年的從商感悟，曹德旺最看重的是規範經營。

從一九八三年開辦玻璃廠，到現在年銷售近九十億元的全球第二大汽車玻璃產品提供商，曹德旺始終把規範經營和企業社會責任放在首要位置。他自稱企業界的朋友不是很多，喜歡一個人打高爾夫，他也從不給官員送禮。曹德旺說，他從不做灰色地帶生意，不撈快收入，一心一意做好汽車玻璃產業。為了專門研究經營上的事，很多年裡，他都拒絕出任董事長，只任總經理，董事長的位置則給了一位熟悉怎麼與官場打交道的搭檔。

在曹德旺身上，至今仍保留著一股商界人士身上罕見的率真之氣。本色的個性，容易令人遵循內心真實的想法，洞悉問題的真正根源，一切從實際出發。這也讓曹德旺養成了講求實際的習慣，很多複雜的問題因而變得簡單。

曹德旺坦言對他一生影響最大的是父母，是父母讓他形成了善良、正直等基本品德，他把基金會取名「河仁」，也是為了紀念父親。除此之外，他還非常敬佩著名華僑、慈善家陳嘉庚和「經營之神」王永慶，他們的經營管理理念和慈善理念曾給曹德旺帶來很大的觸動。

【點評】

「他也從不給官員送禮」，「他從不做灰色地帶生意，不撈快收入，一心一意做好汽車玻璃產業」。遵守規則與專注做好一件事讓公司成為行業領袖，也讓曹德旺躲過了可能的人生災難。生活在這個社會上的人，無法逃離規則；作為企業家來說，更是離不開規則的約束。倘若你想長久有所作為，尤其需要認清規則的界線在哪裡。

企業家所修練的最終正果，正是鍛造出一個品德高尚、人格正直、堅持操守、服務社會、創造價值的人，而唯有那些內心情操修練到位的企業家，才能真正理解、真正享受那甜美的規則之美。

忍辱度嗔恚 —— 負重的厚德

嗔是無明火，能燒功德林！

昔日寒山問拾得曰：「世間謗我，欺我，辱我，笑我，輕我，賤我，厭我，騙我，如何處置乎？」

拾得云：「只是忍他，讓他，由他，避他，耐他，敬他，不要理他，再待幾年，你且看他！」

人的一生中，有順境有逆境，有光風霽月的天氣，有風雨交加的日子，有春風得意的高峰，有淒風苦雨的低谷。對這種種境況，用智慧的心境來對待，就會淡定從容，輕鬆自在。

具備忍辱的涵養，就不會輕易的憤怒了，對於別人的傷害你能心平氣和，和顏相向，就很難建立怨仇，因而忍的涵養又能使彼此和諧，內心安祥。忍辱從本質上是一種在逆境面前表現出來的高尚道德，一種厚德載物的利他品格。具有「寵辱不驚，閒看庭前花開花落；去留無意，漫隨天外雲卷雲舒」的超然心態。

【案例】白隱禪師與私生子

日本的白隱禪師德高望重，素來受到寺院附近居民的稱讚，大家都說他是位純潔的聖者。

有一對夫婦，在寺院附近開了一家食品店。這對夫婦有一個漂亮的女兒。有一天，夫婦倆發現女兒的肚子突然大了起來。

這件事讓夫婦倆十分惱怒，他們向女兒追問來由。女兒起初打死都不肯說出那人是誰，經不起父母的一再逼迫，她終於說出了白隱禪師的名字。

她的父母怒不可遏，立刻去找白隱禪師理論，並不停地辱罵白隱禪師：

「呸，虧你還是個高僧大德，名聲在外，竟然人面獸心，做出這樣有汙佛門的事情來！」

禪師靜靜地聽著，自始至終沒有作任何解釋，到最後，只淡淡地說了一句話：「哦，就是這樣子的嗎？」

女兒把孩子生下來後，夫婦倆把孩子送給了白隱。

這時的白隱禪師，名譽掃地，每個人都對他嗤之以鼻。但他不介意，並非常細心地照顧孩子。為了養活孩子，他到處乞討，為嬰兒討取所需的奶水和生活用品。

白隱禪師在眾人的唾罵聲中，默默地撫養著孩子。

一年之後，這位沒有結婚的媽媽，再也忍受不了內心的折磨，終於向父母吐露了真情。原來，這孩子的親生父親是一名青年。自己說白隱禪師是孩子的父親，是給他栽上了一項莫須有的罪名。女孩的父母立即將她帶到白隱禪師那裡，連連向他道歉，請求禪師的原諒，並將孩子帶了回去。白隱禪師含笑，無語，只是在交回孩子的時候，輕聲地說了那句同樣的話：「哦，就是這樣子的嗎？」白隱禪師的慈祥寬容，使女子全家深感慚愧。從此，他們更加敬重大師的人品和修行了。

【點評】

白隱禪師以他艱苦卓絕的修行，砥礪成「八風吹不動」的金剛不動心，難能可貴。一代大禪師風範，為世人修行的楷模。

白隱禪師的隱忍功夫對於現代人已經不可思議。隨著年齡的增長、閱歷的增加、智慧的累積，我們慢慢地發現，生活工作中還是有很多說不清道不明的委屈，你越解釋越黑。這時候需要靜心，需要背段黑鍋，需要時間換取空間。千萬不要像祥林嫂那樣，遇到誰就上前訴說一段，不但於事無補，而且會更惹人討惡。

大家想一想，在生活中，如果這種事情發生在自己的身上，我們會不會火冒三丈，千般辯解，萬般開脫呢？我們與禪的境界，到底有多遠，是一步之差，還是天壤之別？

「從他謗，任他非，把火燒天徒自疲。我聞恰似飲甘露，銷融頓入不思議！」這是六祖慧能的弟子永嘉大師〈證道歌〉中的名句。意思是說，別人的誹謗也好，非議也罷，就像架起柴火來燒天，天不會因此被燒焦燒壞，可憐那放火的人是枉費了心機。一個超越了是非毀譽的人，面對詆毀誣陷，就像是在飲甘露，有無量的受用自在，這樣的功夫，確實是不可思議！

天是空虛的，空曠的，你架火燒它，它不會生起嗔恨，平靜地領受；心是博大的，不二的，毀譽稱譏，利衰苦樂，它毫無分別，慈悲地包容。

真正修行的人，舉千鈞若扛一羽，擁萬物若攜微毫，懷天下若捧一芥。思無邪，意無狂，行無燥；眉波不湧，吐納恆常。真正修行的人，一輩子像喝茶，水是沸的，心是靜的。一幾、一壺、一幽居，淺斟慢品，視塵世浮華如水霧，繚繞飄散。真正修行的人，無處不展現著一種從容與優雅。

精進度懈怠 —— 職人的精神

禪之用心、專注、追求極致之精神與「職人精神」如出一轍。古語云：「玉不琢，不成器。」職人精神不僅展現了對產品精心打造、精工製作的理念和追求，更是要不斷吸收最新的技術，創造出新成果。

很多人認為工匠、職人是一種機械重複的工作者，其實職人有著更深遠的意思。他代表著一個時代的氣質，堅定、踏實、精益求精。職人工匠不一定都能成為企業家，但大多數成功企業家身上都有這種職人精神。

「職人精神」可以從瑞士製錶匠身上一窺究竟。瑞士製表商對每一個零件、每一道工序、每一塊手錶都精心打磨、專心雕琢，他們用心製造產品的態度就是職人精神的思維和理念。在職人們眼裡，只有對品質的精益求精、對製造的一絲不苟、對完美的孜孜追求，除此之外，沒有其他。正是憑著這種凝神專一的職人精神，瑞士手錶得以譽滿天下、暢銷世界並成為經典。

職人精神不是瑞士的專利，日本式管理有一個絕招：用精益求精的態度，把一種熱愛工作的精神代代相傳。這種精神就是「職人精神」。

「職人精神」的核心是：不僅僅是把工作當作賺錢的工具，而是建立一種對工作執著、對所做的事情和生產的產品精益求精、精雕細琢的精神。在眾多的日本企業中，「職人精神」在企業領導人與員工之間形成了一種文化與思想上的共同價值觀，並由此培育出企業的內生動力。

在獲得奧斯卡的日本電影《送行者》裡，一個大提琴師失業到葬儀館當一名葬儀師，透過他出神入化的化妝技藝，一具具遺體被打扮裝飾得就像活著睡著了一樣。他也因此受到了人們的好評。這名葬儀師的成功感言是：當你做某件事的時候，你就要跟它建立起一種難割難捨的情結，不要拒絕它，要把它看成是一個有生命、有靈氣的生命體，要用心跟它進行交流。

【案例】賣油翁

康肅公陳堯諮善於射箭，世上沒有第二個人能跟他相媲美，他也就憑著這種本領而自誇。曾經有一次，他在家裡射箭的場地射箭，有個賣油的老翁放下擔子，站在那裡斜著眼睛看著他，很久都沒有離開。賣油的老頭看他射十箭中了八九成，但只是微微點點頭。

陳堯諮問賣油翁：「你也懂得射箭嗎？我的箭法不是很高明嗎？」賣油的老翁說：「沒有別的奧妙，不過是手法熟練罷了。」陳堯諮聽後氣憤地說：「你怎麼敢輕視我射箭的本領！」老翁說：「憑我倒油的經驗就可以懂得這個道理。」於是拿出一個葫蘆放在地上，把一枚銅錢蓋在葫蘆口上，慢慢地用油杓舀油注入葫蘆裡，油從錢孔注入而錢卻沒有溼。於是說：「我也沒有別的奧妙，只不過是手熟練罷了。」陳堯諮笑著將他送走了。

這與莊子所講的庖丁解牛、輪扁斫輪的故事有什麼區別呢？

【點評】

制心一處，無事不辦。「賣油翁」、「庖丁解牛」、「輪扁斫輪」為最具有中國古代禪之專注精神還有現當代「職人精神」的三大故事。這個故事說明了三個道理：一是不論做什麼事都要專注、一心一意；二是注重理論和實踐相結合，要靠自己從實踐中摸索出規律，探索事物的本質；三是要心手相應、得心應手，手中所做要能符合心中所想。世上事物紛繁複雜，只要反覆實踐，掌握了它的客觀規律，就能得心應手，運用自如。問題也能迎刃而解。「制心一處，無事不辦。」這是禪的專注精神。當我們內心安定、精神專注的時候，做任何事情都可以做得很好。專注、心無旁鶩、用心當下，是一種精神，更是一種境界。更是今天人們需要呼喚的「職人精神」。

人生可以把握的，不是過去，更不是未來，只有每一個當下。過去的如東逝之水，不可追；未來的如鏡中之花，不可觸。唯有每一個當下才是我們可以真正擁有的，不妨讓心安住在當下，努力於現在，體驗現在。

一個專注的人，能夠將自己的精力和智慧凝聚到要做的事情上，在現有的職位上發揮出最大的潛能，一步步地抵達自己的職業夢想。相反，那些心浮氣躁的人，不僅做不好手頭的工作，還這山望著那山高，頻頻跳槽，最終一事無成。

【案例】壽司之神

《壽司之神》是由大衛．賈柏拍攝的一部關於壽司的紀錄片。大衛．賈柏是一個道道地地的紐約客！從小熱愛壽司的他被小野二郎的職人精神所感動，乾脆扛著攝影機追至日本拍攝。

現年八十六歲的小野二郎是全球最年長的三星大廚，被稱為「壽司之神」。他在日本地位崇高，「壽司第一人」的美譽更遠播全世界。終其一生，他都在握壽司，永遠以最高標準要求自己和學徒，透過觀察客人的用餐狀況而微調壽司，確保客人享受到終極美味，甚至為了保護創造壽司的雙手，不工作時永遠戴著手套，連睡覺也不懈怠。

他的壽司店「數寄屋橋次郎」遠近馳名，從食材、製作到入口瞬間，每個步驟都經過縝密計算。這間隱身於東京辦公大樓地下室的小店面，曾連續兩年榮獲美食聖經《米其林指南》

三顆星最高評鑑。被譽為值得花一輩子排隊等待的美味。

在小野二郎的店裡做學徒，首先必須學會用手擰毛巾，毛巾很燙，一開始會燙傷手，這種訓練很辛苦，日本就是這樣。沒學會擰毛巾，就不可能碰魚；然後，要學會用刀和料理魚。十年之後，才有機會煎蛋。

「我練習煎蛋很久了，以為自己沒問題，但在實際操作時，卻不斷搞砸。他們一直說『不行，不夠好』。」十年的基礎訓練完畢，小野二郎的徒弟中澤終於夠格煎蛋，卻發現自己似乎永遠無法滿足師傅們的標準。他又花了四個月，經歷了二百多個失敗品後做出了第一個合格的成品。當小野二郎說「這才是應該有的樣子」，終於承認其為「職人」時，中澤高興得哭了。「我想揮拳慶祝，但我很努力地不動聲色。」

十年了，你連雞蛋都煎不好。這是浪費時間，揮霍生命嗎？推動不了社會發展，甚至跟一般國民的幸福感也無關——需要提前一個月預訂座位，最低消費三萬日元起跳——這顯然不是普通群眾可以承受的。事實上，卻很難看出在小野二郎的店裡，認真到一板一眼的日常習作，是與未來的物質回報相掛鉤的。老人一直到七十歲心臟病發作之前，都親自騎自行車去市場進貨，為了使章魚口感柔軟，不像其他飯店裡那樣吃起來似橡膠，需要給它們按摩至少四十分鐘。米飯在等同於人體溫度時彈性正好，鏡頭掃過，一個小學徒拿把蒲扇扇風降溫。當然，車子房子票子，或者顧客吃到美食後心懷感激的讚美，不

能說不重要，不過這種即時短暫的感受，與生命的長遠意義沒什麼關係。簡單、較少欲望的世界不會因為平靜而脆弱、不堪一擊，它更像是滯厚的帷幕，把瑣碎的干擾摒棄在外。

【點評】

「壽司之神」之精神乃禪之精進。何謂精進？簡而言之，精，即純而不雜；進，即前而不退。唯有專心一意，勇往直前，才能達成目標。二郎先生說：「我一直重複同樣的事情以求精進，總是嚮往能夠有所進步，

我繼續向上，努力達到巔峰，但沒人知道巔峰在哪兒。我依然不認為自己已臻完善，愛自己的工作，一生投身其中。」沒人知道巔峰在哪，甚至，不會有多少人在乎這個巔峰。以二郎先生為代表的，是向內收斂，並不在乎外界吵鬧，心安理得珍惜自己生活的人。

電影以紀錄片的形式讓我們了解了小野二郎的壽司人生，也為我們展現了他對自己工作與事業堅持不懈持之以恆的追求，窮極一生為我們帶來最好的美味，也當之無愧地成為日本的壽司之神！這部紀錄片，能夠讓人從中得到啟發，深刻地詮釋工作中的要意，也明確了我們對待工作持之以恆追求極致的心！

職人平靜、安適、充實、愉悅、幸福，活在當下，強在內心。職人精神，是企業歷經百年而不倒的祕訣，是瑞士品牌屹立於世界之巔的利器，更是一種生命態度。其價值在於精益求

精，對匠心、精品的堅持和追求，其利雖微，卻長久造福於世。

如果你希望改變現狀、打造一個與眾不同的自己，成為被需要、被尊重、眾望所歸的成功者，就從當下的事情做起，成為一個充滿魅力的職人。擁有職人精神，擁有內外豐盛的人生！

禪定度昏散 —— 專注的饋贈

【案例】賈伯斯的偉大成就與修禪

二〇一一年十月六日，當代最偉大的電腦業者史蒂夫．賈伯斯（Steven Paul Jobs）溘然長逝。在追念他的傳奇人生時，人們發現，他在科技、商業領域的巨大成功，與其修禪密不可分。

心性自覺與創造性

如何才能改變世界？一九七三年，接觸禪文化不久的賈伯斯就意識到：「我對那些能夠超越有形物質或者形而上的學說極感興趣，也開始注意到比知覺及意識更高的層次 —— 直覺和頓悟，這與禪的基本理念極為相近。」佛教學者方立天教授認為，心性與直覺是中國佛教最重要的兩大特色，講究的是反觀自心，在直覺中產生頓悟，而這也正是創造性的根本源泉。賈伯斯理解到：「不要被教條所限，不要活在別人的觀念裡，不要讓別人的意見左右自己內心的聲音。最重要的是，勇敢地去追隨自己的心靈和直覺，只有自己的心靈和直覺才知道你自己的真實想法，其他一切都是次要的。」在生活中，人們很容易為外界所干擾、誘

惑，不能真正發現本心，賈伯斯的說法是，「記住自己隨時都會死掉，是防止你陷入畏首畏尾陷阱的最好方法……你已經一無所有了，沒有理由不去追隨你的心」，「我跟著我的直覺和好奇心走，遇到的很多東西，此後被證明是無價之寶」。不斷地追求心性自覺，是賈伯斯也是很多人成功的精神基礎。

禪定與洞察力

如何才能獲得心性自覺呢？當今世界最流行的方法就是禪定，這也是佛教對現代世界的偉大貢獻。賈伯斯二百多平方公尺的辦公室裡擺設很少，最引人注目的是房中間有一個打坐的蒲團。賈伯斯不僅堅持每天禪修，而且在決策前，會叫屬下將相關產品設計放到墊子周圍，然後閉目靜坐，最終決定選擇哪個。只有在甚深禪定狀態中，人才能體悟到真理，而賈伯斯正是將這一點用於了商業操作。在純淨的禪定狀態中，決策者才最有可能接近事物的真相，充滿對世界的洞察力，做出最符合實際的判斷。人同此心，心同此理，你真正喜歡的，也是大家所喜歡的。所以賈伯斯說：「要等到你把產品擺在面前，使用者才知道想要什麼。」

不立文字與大方簡約

賈伯斯的蘋果產品達到了這個時代美學設計的極致。蘋果產品的大方、簡約，成了時代的象徵。賈伯斯自己曾經解釋，「不立文字，直指人心」是他獨特的技術和設計思路。賈伯斯理解了中國禪宗六祖惠能大師的精髓。一般的英文單字，第一個字母都是大寫，而 iPhone 和 iPad 中的「i」，卻是小寫。這個「小我」，幫助賈伯斯實現了自己的「大我」。這就是禪的智慧。

【點評】

「禪學重視經驗，不重視智慧。我看過很多人都在沉思冥想，但似乎沒什麼功效。所以，我對那些能夠超越有形物質或者形而上的學說極感興趣，也開始注意到比知覺及意識更高的層次——直覺和頓悟，這與禪的基本理念極為相近。」這是賈伯斯一九七三年在里德學院（Reed College）修練禪學時的講話，可見，他對禪當時已有較深的體悟了。

禪是生活，是藝術，從實用的角度來說，一個人懂「禪」，智商和情商都能得到提高。學藝術的人懂「禪」，藝術的境界就會超越；管理者懂「禪」，就能提升決策的準確度；學生懂「禪」，就能達到舉一反三、聞一知十的學習效果。

坐禪讓人躲開了塵世喧囂，避開了眾多表面的事務，回歸到問題本質，因此賈伯斯能夠具有高度發達的直覺判斷。

賈伯斯每天坐禪結束時，都會對著鏡子問：「如今天是我的最後日子，原計畫今天的事我還願意做嗎？」

「學習型組織」的提出者，《第五項修練》的作者彼得．聖吉（Peter M. Senge）的著名理念就是：「三流管理者學習

管理知識，二流管理者學習管理技巧，一流管理者修練管理心智。」禪就是心，藉由修禪，對於心恰當的掌控拿捏，使得賈伯斯成為一位修練管理心智的一流管理大師。

般若度愚癡 —— 哲學的價值

般若，是梵語的音譯，意思是度脫愚癡，超越邪見，明見一切事物及道理

的真實智慧。般若在六度的最頂端，總括了前五度，《大智度論》說「五度如盲，般若如導」，它是六度的根本。對於經營管理來說，那就是企業的經營哲學。

【案例】敬天愛人，自利利他

在商海中歷經浮沉的稻盛和夫，即使在最忙碌的時刻，也沒有忘記心靈的追求。他一直在潛心研究哲學與宗教，始終都在追問一個終極問題：「作為人，何謂正確？」、「稻盛哲學」的根本就是——「敬天愛人，自利利他」，這不僅是他的人生哲學，也是他經營哲學的根本。

「敬天愛人」也是京都陶瓷公司的經營座右銘，來自於十九世紀日本「明治維新」的領袖西鄉隆盛。西鄉隆盛是中國哲學家王陽明的忠實信徒，所謂「敬天」，即遵從事物自然發展規律，不逆天而行，而「愛人」，便是由人的本性出發，自然為人。

而「自利利他」，即「自利則生，利他則久」，就是人須

利己，但只有同時具備利他之心，才能真正幸福。自己獲利的同時，也要造福他人。無論京都陶瓷還是 KDDI，都屬於行業內利潤率高，但絕不刻意抬高價格或是採取惡性競爭手段的公司，經商道德有口皆碑。

在多數企業裡，沒有經營者會向員工們提出「作為人，何為正確」這樣的問題，而稻盛和夫思考的所謂「哲學」卻正是針對這個問題的解答。同時，這也是孩童時代父母老師所教導的做人的最樸實的原則，例如「要正直，不要騙人，不能撒謊」等。「這麼起碼的東西還需要在企業裡講嗎？」或許有人感到驚奇。但是正因為不遵守上述理所當然的做人的原則，才產生了各式各樣的企業醜聞。換句話說，沒有將依據哲學的規範、規則和必須遵守的事項當作自己日常生活的指標，當作經營判斷的基準。稻盛和夫認為，正因為缺乏這種樸實哲學的人成了大企業的領導者，才導致今天世界上許多大企業醜聞事件頻發。

所幸的是，因為稻盛和夫有關企業經營的規範、規則和必須遵守的事項，僅僅從「作為人，何為正確」這一句話中引申出來，並用它來說服員工。「把作為人應該做的正確的事情以正確的方式貫徹到底」，雖然是極為簡樸的判斷基準，但正因為遵循由此得出的結論去做，京瓷從創立以來長達半個世紀，經營之舵從未偏離正確的方向。後來京瓷進軍海外，這樣的判斷基準更成為全世界普遍適用的哲學，稻盛和夫想，這種哲學同樣適用於日航。

【點評】

經營為什麼需要哲學呢？稻盛和夫認為有三個理由可以說明在企業經營時，經營哲學是不可或缺的。首先所謂經營哲學，應該是經營公司的規範、規則，或者說是必須遵守的事項。經營公司無論如何都必須有全體員工共同遵守的規範、規則或事項。這些作為哲學必須在企業裡確立。就是由於這個原因，無論古今東西，各式各樣的企業醜聞不斷發生，歷史上一些有名的大企業甚至因為這類醜聞而遭到無情的淘汰。

其次，稻盛和夫認為所謂哲學是用來表明企業的目的、企業的目標，也就是要將這個企業辦成一個什麼樣的企業。稻盛和夫認為，要攀登什麼樣的山峰？你想創辦什麼樣的公司？由於目標的不同，規範公司所需要的哲學思想也不同。一旦確立了遠大的目標，那麼很自然地就需要與之相適應的思維方式以及方法論。

最後，由於哲學可以賦予企業優秀的品格，就像人具備人格一樣，企業也有企業的品格。企業經營需要非常優秀的哲學，這是因為這種哲學可以賦予企業優秀的品格。

稻盛和夫宣導的「敬天愛人，自利利他」、「作為人，何為正確」不僅僅是個體靈性層面的覺醒，也不僅僅是順化萬物的心境，更是發揮集體潛意識和場域能量的大智慧。

禪是平常心，禪是飢來吃飯困來眠

禪定不屬於缺乏智慧的人，智慧也不生於沒有禪定的人。有了禪定和智慧，就會到達沒有煩惱的境界。除卻心中雜念，心懷一顆平常心，這就是最簡單的道。何謂平常心？無造作，無是非，無取捨，無斷常，無凡無聖。他也做某事，不做某事，但並不是刻意地去非做此事，非不做此事，而是一切隨緣。

對平常心講解得最清楚的是大珠慧海禪師。以下是源律師與慧海禪師的一段問答：

源律師問：「和尚修道，還用不用功？」

慧海說：「用功。」

問：「如何用功？」答：「飢來吃飯，困來即眠。」

源律師說：「一切人總如是，這與大師你用功有什麼不同呢？」

慧海說：「不同。」

問：「何故不同？」

答：「一般人吃飯時不肯吃飯，百種須索；睡時不肯睡，千般計較。所以

不同也。」

源律師這時就說不出話來了。這就是禪宗悟入之後的平常心，既同平常又不同平常。同平常，是仍與常

人一樣，飢來則食，困來即眠，高興就笑，傷心則悲；不

同平常，是對日常的一切都有了一種禪理的徹悟，將禪理與人生的衣食住行、喜怒哀樂打成一片，使生命更加真誠，更加清澈。平常而又不平常，不平常而又平常。

真正的禪理，卻並不離開日常意識，最重要的是，只有不離開日常意識，才表明真正獲得了最高最深的宇宙意識。禪就在這「見山是山，見水是水」中凸顯了出來，就是此時，就在當下。這種當下，就是禪宗大師一再說的「平常心是道」。

這種當下就是：「過去事已過去了，未來不必預思量；只今便道即今句，梅子熟時梔子香。（石屋禪師）」

讀者諸君，你品的梅子熟了沒有？聞到梔子的花香了嗎？當我們回歸「平常心」，就回到了真正的大智慧。才有可能享有美妙的人生、幸福的生活，才有可能享有這首禪詩的「好時節」。

春有百花秋有月，夏有涼風冬有雪。
若無閒事掛心頭，便是人間好時節。

電子書購買

國家圖書館出版品預行編目資料

很東方的管理哲學：領導力的修練，中庸之道 × 無為而治 × 佛系應對，溫和敦厚的東方版《君王論》/ 岳陽著. -- 第一版. -- 臺北市：崧燁文化事業有限公司, 2022.06
面； 公分
POD 版
ISBN 978-626-332-438-1(平裝)
1.CST: 企業管理 2.CST: 中國哲學
494.1 111008484

很東方的管理哲學：領導力的修練，中庸之道 × 無為而治 × 佛系應對，溫和敦厚的東方版《君王論》

臉書

作　　者：岳陽
封面設計：康學恩
發 行 人：黃振庭
出 版 者：崧燁文化事業有限公司
發 行 者：崧燁文化事業有限公司
E-mail：sonbookservice@gmail.com
粉 絲 頁：https://www.facebook.com/sonbookss/
網　　址：https://sonbook.net/
地　　址：台北市中正區重慶南路一段六十一號八樓 815 室
Rm. 815, 8F., No.61, Sec. 1, Chongqing S. Rd., Zhongzheng Dist., Taipei City 100, Taiwan
電　　話：(02) 2370-3310　　傳　　真：(02) 2388-1990
印　　刷：京峯彩色印刷有限公司（京峰數位）
律師顧問：廣華律師事務所 張珮琦律師

定　　價：350 元
發行日期：2022 年 06 月第一版
◎本書以 POD 印製